国家中等职业教育改革发展示范校建设系列教材

混凝土工实训

主　编　徐洲元

副主编　王德彬　阎有江

参　编　陈芸香　杨　虹　刘　睿

中国水利水电出版社
www.waterpub.com.cn

内 容 提 要

本实训教材内容由三部分组成：第一部分主要内容为实训目标及要求；第二部分主要内容为混凝土实训用到的主要理论知识；第三部分主要内容为 14 个混凝土实训项目。教材简明地对混凝土工程的实训目的、要求、基础知识作了介绍，结合相关规范，通过大量的实训项目，旨在提高中等职业学校水利类专业学生的动手能力和职业岗位能力水平。

本书可作为中等职业学校水利类专业混凝土教学及混凝土工的岗前培训教材，也可供水利工程技术人员阅读参考。

图书在版编目（CIP）数据

混凝土工实训 / 徐洲元主编. -- 北京 ：中国水利
水电出版社，2014.12
国家中等职业教育改革发展示范校建设系列教材
ISBN 978-7-5170-2839-0

Ⅰ. ①混… Ⅱ. ①徐… Ⅲ. ①混凝土施工－中等专业
学校－教材 Ⅳ. ①TU755

中国版本图书馆CIP数据核字 (2015) 第003354号

书　　名	国家中等职业教育改革发展示范校建设系列教材 **混凝土工实训**
作　　者	主　编　徐洲元 副主编　王德彬　阎有江 参　编　陈芸香　杨　虹　刘　睿
出版发行	中国水利水电出版社 （北京市海淀区玉渊潭南路 1 号 D 座　100038） 网址：www. waterpub. com. cn E - mail：sales@ waterpub. com. cn 电话：（010）68367658（发行部）
经　　售	北京科水图书销售中心（零售） 电话：（010）88383994、63202643、68545874 全国各地新华书店和相关出版物销售网点
排　　版	中国水利水电出版社微机排版中心
印　　刷	北京纪元彩艺印刷有限公司
规　　格	184mm×260mm　16 开本　13 印张　308 千字
版　　次	2014 年 12 月第 1 版　2014 年 12 月第 1 次印刷
印　　数	0001—3000 册
定　　价	**29.00 元**

前　　言

　　根据"国家中等职业教育改革发展示范学校建设计划"中创新教育的内容要求，为适应与配合全国建设行业全面实行建设职业技能岗位培训与鉴定的需要，为实现现代水利中等职业教育的人才培养目标，我们编写了这本《混凝土工实训》教材，供中等职业学校学生在持证上岗前使用。

　　本教材主要讲解水工混凝土基本知识以及水工混凝土配合比设计、水工混凝土配料、水工混凝土施工机械、大体积水工混凝土、混凝土梁、混凝土柱、混凝土板浇筑、混凝土质量检测、混凝土施工现场管理等的原理和方法。本教材尽可能详细地阐述了水工混凝土工种实训的每一个项目，使学生达到初级工的要求，培养学生学习该专业的兴趣。

　　本教材由甘肃省水利水电学校教师徐洲元担任主编，由甘肃省水利水电学校教师王德彬、中国水利水电第四工程局高级工程师阎有江担任副主编，甘肃省水利水电学校教师陈芸香、刘睿、杨虹参与编写。概述、实训项目（项目一、项目二、项目三、项目四、项目六、项目九）由甘肃省水利水电学校教师徐洲元编写；知识准备由甘肃省水利水电学校教师徐洲元与王德彬共同编写；实训项目（项目五、项目七）由甘肃省水利水电学校教师王德彬编写；实训项目（项目八、项目十）由甘肃省水利水电学校教师王德彬与陈芸香共同编写；实训项目（项目十一、项目十二）由甘肃省水利水电学校教师陈芸香与刘睿共同编写；实训项目（项目十三、项目十四）由甘肃省水利水电学校教师杨虹与中国水利水电第四工程局高级工程师闫有江共同编写，全书由徐洲元统稿。教材编写过程中得到了中国水利水电第四工程局高级工程师李贵兴、中国水利中国水利水电第二工程局高工杨金龙、中国水利水电第四工程局高级工程师王福让、中国水利水电第四工程局高级工程师梁国辉、中国水利水电第四工程局高级工程师王贤、中国水利水电第十一工程局高级工程师李晗、甘肃省水利水电勘测设计院高级工程师王正强、西北水电勘测设计院高级工程师韩瑞及甘肃省水利水电学校水工系各位老师的大力支持，在此深表感谢。教材编写时参考了已出版的多种相关培训教材和著作，对这些教材和著作的编著者，一并表示谢意。

由于编者的专业水平和实践经验有限，教材中难免有疏漏和不当之处，恳请读者批评指正。

编者

2014 年 10 月

目　录

第一章 概 述

本课程的主要任务是向水利水电工程技术专业、工业与民用建筑专业的学生普及混凝土知识及动手操作技能，学习感受并传播土木工程文化，激发学生的专业兴趣，提高学生对建筑的理解和鉴赏水平，了解行业概况，学习水利职工职业道德，促进职业意识形成，为学生日后择业提供可以借鉴和参照的新思想和新观念。通过任务驱动项目教学，使学生了解混凝土相关安全知识和职业道德要求，了解水工混凝土基本知识（水利工程识图、水工建筑物构造、混凝土结构与力学、常用混凝土工具和设备），掌握水工混凝土配合比设计、水工混凝土配料、水工混凝土施工机械、大体积水工混凝土、混凝土梁、混凝土柱、混凝土板浇筑、混凝土质量检测、混凝土施工现场管理等的原理和方法，达到初级工的要求，培养学生学习该专业的兴趣。

一、实训目标

1）熟悉水工建筑物基本功能，能识别水工建筑相关施工图等图纸内容。

2）熟悉水工混凝土材料组成及常用机具的使用方法。

3）熟悉材料知识、了解水工建筑物抗震知识、力学知识、混凝土结构知识和混凝土工种的季节施工知识等。

4）掌握有关混凝土工程施工质量验收规范和质量评定标准的内容以及常用的检测方法。

5）掌握混凝土工种的有关安全技术操作要求等，以实现"质量第一、安全第一"的要求。

6）培养良好的人际交往、团队合作能力和服务意识。

7）培养严谨的职业道德和科学态度。

二、实训重点

1）水工混凝土材料组成、性能及配合比设计。

2）水工混凝土工程施工机械操作。

3）水工混凝土的拌制、运输、浇筑及养护。

4）水工混凝土构件浇筑，如大体积混凝土、梁、板、柱等。

5）水工混凝土质量检测。

三、教学建议

水工混凝土实训课程的教学内容按项目制定。教师在水工混凝土课程教学时，按教学内容相应安排实训项目。按照水工及建筑行业规范、标准要求，采用与岗位能力相一致的教学手段，协助学生完成实训材料准备，然后通过四步教学法的几个基本阶段实施教学。教师要善于观察实训中的不足与安全隐患，并加以改进。在实训教学中要引导学生从工作过程中发现问题，有针对性地展开讨论，提高解决问题的能力。实训项目的活动在形式上应根据实训目标、内容、实训环境和实训条件的不同而采取不同的教学模式，让学生多动手，实现做中学、学中做，以强化学生的实践能力。一个项目可以是 2 个学时，也可以是 4 个学时；实际教学时可以考虑利用一天时间，2 个学时理论教学，6 个学时的实践教学。

四、实训条件及注意事项

1. 实训场地

按一个班分 10 组，教学场地面积不小于 200m²。

2. 实训工具

压力试验机、振动台、搅拌机、试模、捣棒、抹刀、铁铲、斗车、台秤、钢筋构件、模板、计算器、手套、安全帽等。

3. 实训材料准备

根据不同实训项目，老师协助学生做好材料准备。

4. 工具和材料使用注意事项

1）实训中应加强材料的管理，工具、机械的保养和维修。

2）砂子、水泥等原材料质量要求要符合相关的规范规定。

3）材料在使用、运输、储存等施工过程中必须采取有效措施，以防止损坏、变质和污染环境。

4）常用工具在操作结束后应清洗收好。

5. 施工操作一般注意事项

1）浇筑混凝土前必须先检查模板支撑的稳定情况，特别要注意检查用斜撑支撑的悬臂构件的模板的稳定情况。浇筑混凝土过程中，要注意观察模板、支撑情况，发现异常，及时报告。

2）振捣器电源线必须完好无损，供电电缆不得有接头，混凝土振捣器作业转移时，电动机的导线应保持有足够的长度和松度。严禁有电源线拖拉振捣器。作业人员必须穿绝缘胶鞋，戴绝缘手套。

3）浇筑框架、梁、柱混凝土时，严禁站在模板或支撑上操作。

6. 学生操作纪律与安全注意事项

1）穿实训服，衣服袖口有缩紧带或纽扣，不准穿拖鞋。

2）留辫子的同学必须把辫子扎在头顶。

3）作业过程必须戴手套，钢筋加工使用电动机械由教师代劳。

4）实训工作期间不得嘻哈打闹，不得随意玩弄工具。

5）认真阅读和实训指导书，依据实训指导书的内容，明确实训任务。

6）实训期间要严格遵守工地规章制度和安全操作规程，进入实训场所必须戴安全帽，随时注意安全，防止发生安全事故。

7）学生实训中要积极主动，遵守纪律，服从实习指导老师的工作安排，要虚心向工人师傅学习，脚踏实地，扎扎实实，深入实训操作，参加具体工作以培养实际工作能力。

8）遵守实训中心各项规章制度和纪律。

9）每天写好实训日记、记录施工情况、心得体会、革新建议等。

10）实训结束前写好实训报告。

五、实训安排

课程教学实训，任课老师制定实训时间表，系部汇总调整，制定学期专业实训课表，下发给任课教师执行。

综合实训项目时间编排，根据专业教学标准、实训条件、实训任务书、考核标准及内容由系部制定实训计划。各任课教师具体负责，系部协助进行实训前的教育、动员，任课教师负责分组，实训中心管理人员负责现场设备、工具、材料准备，任课教师协助学生进行设备、工具的检查，按实训计划表进行训练。具体流程如下。

1）班级分组，每组6人。

2）学生进入实训中心，先在实训中心整理队伍，按小组站好，在实训记录册上签字，小组长领安全帽、手套，并发放给各位同学。

3）同学们戴好安全帽听实训指导教师讲解混凝土实训过程安排和安全注意事项。

4）各小组同学按实训项目进行实训材料量的计算，填写领料单，领取材料后堆放到相应工位。

5）由实训指导教师协调设备运行，并负责安全。

6）按四步法进行实训教学。

7）全部实训分项操作结束，实训指导老师进行点评、成绩评定。

8）每次（每天）实训结束后，同学们将实训项目全部拆除，可重复使用的材料应清理归位。废料及操作现场应清扫干净。

第二章 知 识 准 备

一、水工混凝土材料组成

水工混凝土的主要组成材料是水泥、掺合料、水、砂、石子。为了改变混凝土的某些特性，在混凝土中还要掺入外加剂。

（一）常用水泥的种类

常用的水泥有硅酸盐水泥、普通硅酸盐水泥、矿渣硅酸盐水泥、火山灰质硅酸盐水泥、粉煤灰硅酸盐水泥和复合硅酸盐水泥。常用水泥的性能见表 2-1。

表 2-1　　　　　　　　　　常 用 水 泥 的 种 类

项次	水泥名称	标准编号	原料	代号	特性	强度等级	备注
1	硅酸盐水泥	GB 175—1999	硅酸盐水泥熟料、0～5%的石灰石或粒化高炉矿渣、适量石膏磨细制成的水硬性胶凝材料	P·Ⅰ、P·Ⅱ	早期强度及后期强度都较高，在低温下强度增长比其他种类的水泥快，抗冻、耐磨性都好，但水化热较高，抗腐蚀性较差	42.5、42.5R、52.5、52.5R、62.5、62.5R	
2	普通硅酸盐水泥	GB 175—1999	硅酸盐水泥熟料、6%～15%的石灰石或粒化高炉矿渣、适量石膏磨细制成的水硬性胶凝材料	P·O	除早期强度比硅酸盐水泥稍低，其他性能接近硅酸盐水泥	32.5、32.5R、42.5、42.5R、52.5、52.5R	
3	矿渣硅酸盐水泥	GB 1344—1999	硅酸盐水泥熟料和20%～70%粒化高炉矿渣、适量石膏磨细制成的水硬性胶凝材料	P·S	早期强度较低，在低温环境中强度增长较慢，但后期强度增长较快，水化热较低，抗硫酸盐侵蚀性较好，耐热性较好，低干缩变形较大，析水性较大，耐磨性较差	32.5、32.5R、42.5、42.5R、52.5、52.5R	R系指早强型水泥
4	火山灰质硅酸盐水泥	GB 1344—1999	硅酸盐水泥熟料和20%～50%火山灰质混合材料、适量石膏磨细制成	P·P	早期强度较低，在低温环境中强度增长较慢，在高温潮湿环境中（如蒸汽养护）强度增长较快，水化热较低，抗硫酸盐侵蚀性较好，但干缩变形较大，析水性较大，耐磨性较差	32.5、32.5R、42.5、42.5R、52.5、52.5R	
5	粉煤灰硅酸盐水泥	GB 1344—1999	硅酸盐水泥熟料和20%～40%粉煤灰、适量石膏磨细制成	P·F	早期强度较低，水化热比火山灰水泥还低，和易性好，抗腐蚀性好，干缩性也较小，但抗冻、耐磨性较差	32.5、32.5R、42.5、42.5R、52.5、52.5R	
6	复合硅酸盐水泥	GB 12958—1999	硅酸盐水泥熟料、15%～50%两种或两种以上规定的混合材料、适量石膏磨细制成的水硬性胶凝材料	P·C	介于普通水泥与火山灰水泥，矿渣水泥以及粉煤灰水泥性能之间，当复掺混合材料较少（小于20%）时，它的性能与普通水泥相似，随着混合材料复掺量的增加，性能也趋向所掺混合材料的水泥	32.5、32.5R、42.5、42.5R、52.5、52.5R	

各种水泥的适用范围及常用水泥的选用见表2-2、表2-3。

表 2-2　　　　　　　　　　　　　各种水泥的适用范围

项次	水泥名称	水泥标准编号	基本用途	可用范围	不适用范围	使用注意事项
1	硅酸盐水泥	GB 175—1999	混凝土、钢筋混凝土和预应力混凝土的地上、地下和水中结构	重要结构的高强度混凝土和预应力混凝土；严寒地区和抗冻性要求高的混凝土工程	经常受压力水作用的工程；受海水、矿物水作用的工程，大体积混凝土	使用加气剂可提高抗冻能力
2	普通硅酸盐水泥	GB 175—1999		一般土建工程及受冰冻作用的工程，早期强度要求高的工程	大体积混凝土工程；受化学及海水侵蚀的工程；受水压作用的工程	
3	矿渣硅酸盐水泥	GB 1344—1999	混凝土和钢筋混凝土的地上、地下和水中的结构以及抗硫酸盐侵蚀的结构	地下、水下（含海水）工程及受高压水作用的工程；大体积混凝土工程；蒸汽养护工程；有抗侵蚀、耐高温要求的工程	早期强度要求高的工程；严寒地区处在水位升降范围内的工程	加强洒水养护，冬期施工注意保温
4	火山灰质硅酸盐水泥	GB 1344—1999		地上、地下及水中的大体积混凝土工程；蒸汽养护的混凝土件；有抗侵蚀要求的一般工程	早期强度要求高的工程；受冻工程；干燥环境中的工程；有耐磨性要求的工程	加强洒水养护，冬期施工注意保温
5	粉煤灰硅酸盐水泥	GB 1344—1999	混凝土和钢筋混凝土的地上、地下和水中的结构；抗硫酸盐侵蚀的结构；大体积水工混凝土	地上、地下及水中的大体积混凝土工程；蒸汽养护的混凝土件；有抗侵蚀要求的一般工程	有碳化要求的工程	加强洒水养护，冬期施工注意保温
6	抗硫酸盐硅酸盐水泥	GB 748—1996	受硫酸盐水溶液侵蚀，反复冻融及干湿循环作用的混凝土及钢筋混凝土结构	受硫酸盐（SO_4^{2-} 浓度在 2500mg/L 以下）水溶液侵蚀的混凝土及钢筋混凝土结构		配制混凝土的水灰比应小些
7	高抗硫酸盐水泥			受硫酸盐（SO_4^{2-} 浓度在 2500～10000 mg/L）水溶液侵蚀的混凝土及钢筋混凝土结构		严格控制水灰比
8	快硬硅酸盐水泥	GB 199—1990	要求快硬的混凝土、钢筋混凝土和预应力混凝土结构			
9	高强硅酸盐水泥		要求快硬、高强的混凝土、钢筋混凝土和预应力混凝土结构			贮存过久，易风化变质；需强烈搅拌，并最好采用预振和加压振捣
10	矾土水泥（高铝水泥）	GB 201—2000	耐热（小于 1300℃）混凝土；抗腐蚀（如弱酸性腐蚀、硫酸盐、镁盐腐蚀）的混凝土和钢筋混凝土	特殊需要的抢修抢建工程；在 −5℃ 以上施工的工程	蒸汽养护的混凝土；连续浇筑的大体积混凝土；与碱液接触的工程；不宜制作薄壁构件	后期强度有下降。混凝土应以最低强度稳定值作为设计强度；不得与硅酸盐水泥、石灰及碱性物质混合；未经试验不得使用外掺剂；钢筋混凝土结构的钢筋保护层应加大 1～2cm；在混凝土硬化过程中，环境温度不得超过 30℃

项次	水泥名称	水泥标准编号	基本用途	可用范围	不适用范围	使用注意事项
11	硅酸盐膨胀水泥	建标 55—61	有抗渗性要求的混凝土及砂浆；预制构件的接缝及接头；浇筑地脚螺栓及修补加固		环境温度高于40℃的结构	加强早期养护，养护期不少于14d；易风化，贮存期不宜过长
12	石膏矾土膨胀水泥	JC 56—68			与碱性介质接触的结构；环境温度高于80℃的结构；受反复冻融循环的结构	不得在负温下施工；不得与石灰及各种硅酸盐水泥混用；贮存时严格防潮；施工时养护期不少于14d；施工温度超过30℃时，凝固时间显著缩短，应采取相应措施
13	无收缩性不透水水泥	建标 58—61	喷射砂浆防水层		非潮湿环境中的结构	
14	石膏矿渣水泥	建标 31—61	水中或潮湿环境中的混凝土结构；地下、水中或井下的抗硫酸盐侵蚀的混凝土结构；大体积混凝土		受反复冻融作用的混凝土结构；需早期发挥强度的结构；钢筋混凝土结构	不得与各种硅酸盐水泥混合使用；加强养护，养护期至少14～21d，在最初7d内不得受水浸泡或受水冲刷；宜选用较小的坍落度（1～5cm），严格控制水灰比；不宜在10℃以下的温度中施工；贮存期不宜过久
15	砌筑水泥	GB/T 3183—1997	钢筋混凝土预制构件之间的锚固连接（浆描法）；抢修及修补工程的灌孔、接缝、填充补强等		要求膨胀量大的混凝土不宜使用砌筑水泥	未经试验不得掺入其他外加剂；可与硅酸盐水泥混合，但混合后即失去其原有特性。不得与其他水泥混用；使用温度不得低于 5℃，不得高于40℃；水泥严防受潮

表 2 - 3　　　　常 用 水 泥 的 选 用

	混凝土工程特点或所处环境条件	优先选用	可以使用	不得使用
环境条件	在普通气候环境中的混凝土	普通硅酸盐水泥	矿渣硅酸盐水泥、火山灰质硅酸盐水泥、粉煤灰硅酸盐水泥	
	在干燥环境中的混凝土	普通硅酸盐水泥	矿渣硅酸盐水泥	火山灰质硅酸盐水泥、粉煤灰硅酸盐水泥
	在高湿度环境中或永远处在水下的混凝土	矿渣硅酸盐水泥	普通硅酸盐水泥、火山灰质硅酸盐水泥、粉煤灰硅酸盐水泥	
	严寒地区的露天混凝土、寒冷地区的处在水位升降范围内的混凝土	普通硅酸盐水泥	矿渣硅酸盐水泥	火山灰质硅酸盐水泥、粉煤灰硅酸盐水泥
	严寒地区处在水位升降范围内的混凝土	普通硅酸盐水泥		火山灰质硅酸盐水泥、粉煤灰硅酸盐水泥、矿渣硅酸盐水泥
	受侵蚀性环境或侵蚀性气体作用的混凝土	根据侵蚀性介质的种类、浓度等具体条件按专门（或设计）规定选用		
	厚大体积的混凝土	粉煤灰硅酸盐水泥、矿渣硅酸盐水泥	普通硅酸盐水泥、火山灰质硅酸盐水泥	硅酸盐水泥、快硬硅酸盐水泥

混凝土工程特点或所处环境条件	优先选用	可以使用	不得使用
工程特点	要求快硬的混凝土	快硬硅酸盐水泥、硅酸盐水泥	普通硅酸盐水泥	矿渣硅酸盐水泥、火山灰质硅酸盐水泥、粉煤灰硅酸盐水泥
	高强（大于C60）的混凝土	硅酸盐水泥	普通硅酸盐水泥、矿渣硅酸盐水泥	火山灰质硅酸盐水泥、粉煤灰硅酸盐水泥
	有抗渗性要求的混凝土	普通硅酸盐水泥、火山灰质硅酸盐水泥		不宜使用矿渣硅酸盐水泥
	有耐磨性要求的混凝土	硅酸盐水泥、普通硅酸盐水泥	矿渣硅酸盐水泥	火山灰质硅酸盐水泥、粉煤灰硅酸盐水泥

注 1. 蒸汽养护时用的水泥品种，宜根据具体条件通过试验确定。
　　2. 复合硅酸盐水泥选用应根据其混合材的比例确定。

（二）砂

砂按其产源可分天然砂、人工砂。由自然条件作用而形成的，粒径在 5mm 以下的岩石颗粒，称为天然砂。天然砂可分为河砂、湖砂、海砂和山砂。人工砂又分机制砂、混合砂，是经除土处理的机制砂、混合砂的统称。机制砂是由机械破碎、筛分制成的，粒径小于 4.75mm 的岩石颗粒，但不包括软质岩、风化岩石的颗粒；混合砂是由机制砂和天然砂混合制成的砂。按砂的粒径可分为粗砂、中砂和细砂，目前以细度模数来划分粗砂、中砂和细砂，习惯上仍用平均粒径来区分，见表 2-4。

表 2-4　　　　　　　　砂 的 分 类

粗 细 程 度	细 度 模 数 μ_i	平均粒径/mm
粗砂	3.7～3.1	0.5 以上
中砂	3～2.3	0.35～0.5
细砂	2.2～1.6	0.25～0.35

1. 砂的技术要求

（1）颗粒级配。混凝土用砂按 0.63mm 筛孔的累计筛余量可分为三个级配区，见表 2-5。砂的颗粒级配应处于表中的任何一个区域内。配制混凝土时宜优先选用Ⅱ区砂。Ⅱ区宜用于强度等级 C30～C60 及有抗冻、抗渗或其他要求的混凝土；Ⅰ区宜用于强度等级大于 C60 的混凝土；Ⅲ区宜用于强度等级小于 C30 的混凝土和建筑砂浆。对于泵送混凝土用砂，宜选用中砂。

表 2-5　　　　　　　　砂 颗 粒 级 配 区

筛孔尺寸/mm	级 配 区		
	Ⅰ区	Ⅱ区	Ⅲ区
	累计筛余/%		
10	0	0	0
5	10～0	10～0	10～0

筛孔尺寸 /mm	级 配 区		
	Ⅰ区	Ⅱ区	Ⅲ区
	累计筛余/%		
2.5	35～5	25～0	15～0
1.25	65～35	50～10	25～0
0.63	85～71	70～41	40～16
0.315	95～80	92～70	85～55
0.16	100～90	100～90	100～90

（2）砂的质量要求见表 2-6。

表 2-6 砂 的 质 量 要 求

质 量	项 目		质量指标
含泥量（按重量计）/%	混凝土强度等级	≥C30	≤3
		<C30	≤5
泥块含量（按重量计）/%		≥C30	≤1
		<C30	≤2
有害物质限量	云母含量（按重量计）/%		≤2
	轻物质含量（按重量计）/%		≤1
	硫化物及硫酸盐含量（折算成 SO₃，按重量计）/%		≤1
	有机物含量（用比色法试验）		颜色不应深于标准色，如深于标准色，则应按水泥胶砂强度试验方法，进行强度对比试验，抗压强度比不应低于 0.95
坚固性	混凝土所处的环境条件	在严寒及寒冷地区室外使用并经常处于潮湿或干湿交替状态下的混凝土	循环后重量损失/% ≤8
		其他条件下使用的混凝土	≤10

（表中 SO₃ 为 SO_3）

2. 运输与堆放

砂在运输、装卸和堆放过程中，应防止离析和混入杂质，并应按产地、种类和规格分别堆放。

（三）石子

1. 石子颗粒级配及质量要求

普通混凝土所用的石子可分为碎石和卵石。由天然岩石或卵石经破碎、筛分而得的粒径大于 5mm 的岩石颗粒，称为碎石；由自然条件作用而形成的粒径大于 5mm 的岩石颗粒，称为卵石。

（1）颗粒级配。碎石和卵石的颗粒级配，应符合表 2-7 的要求。

单粒级宜用于组合成具有要求级配的连续级配，也可与连续级配混合使用，以改善其级配或配成较大粒度的连续级配。不宜用单一的单粒级配制混凝土。如必须单独使用，则应作技术经济分析，并通过试验证明不会发生离析或影响混凝土的质量。

（2）石子的质量要求（见表 2-8）。

表 2-7

碎石或卵石的颗粒级配范围

级配情况	公称粒径 /mm	累计筛余（按重量计）/% 筛孔尺寸（圆孔筛）/mm											
		2.5	5	10	16	20	25	31.5	40	50	63	80	100
连续粒级	5~10	95~100	80~100	0~15	0	—	—	—	—	—	—	—	—
	5~16	95~100	90~100	30~60	0~10	0	—	—	—	—	—	—	—
	5~20	95~100	90~100	40~70	—	0~10	0	—	—	—	—	—	—
	5~25	95~100	90~100	—	30~70	—	0~5	0	—	—	—	—	—
	5~31.5	95~100	90~100	70~90	—	15~45	—	0~5	0	—	—	—	—
	5~40	—	95~100	75~90	—	30~65	—	—	0~5	—	0	—	—
单粒级	10~20	—	95~100	85~100	—	0~15	0	—	—	—	—	—	—
	16~31.5	—	95~100	85~100	—	—	—	0~10	0	—	—	—	—
	20~40	—	—	—	95~100	80~100	—	—	0~10	—	0	—	—
	31.5~63	—	—	—	—	95~100	—	75~100	45~75	—	0~10	0	—
	40~80	—	—	—	—	—	—	95~100	70~100	—	30~60	0~10	0

注　公称粒级的上限为粒级的最大粒径。

表 2 - 8   石子的质量要求

质量项目			质量指标
针、片状颗粒含量（按重量计）/%	混凝土强度等级	≥C30	≤15
		<C30	≤25
含泥量（按重量计）/%		≥C30	≤1
		<C30	≤2
泥块含量（按重量计）/%）		≥C30	≤0.5
		<C30	≤0.7
碎石压碎指标值/%	混凝土强度等级	水成岩　C55～C40	≤10
		≤C35	≤16
		变质岩或深层的火成岩　C55～C40	≤12
		≤C35	≤20
		火成岩　C55～C40	≤13
		≤C35	≤30
卵石压碎指标值/%	混凝土强度等级	C55～C40	≤12
		≤C35	≤16
坚固性	混凝土所处的环境条件	在严寒及寒冷地区室外使用，并经常处于潮湿或干湿交替状态下的混凝土　循环后重量损失/%	≤8
		在其他条件下使用的混凝土	≤12
有害物质限量	硫化物及硫酸盐含量（折算成 SO_3，按重量计）/%		≤1
	卵石中有机质含量（用比色法试验）		颜色应不深于标准色。如深于标准色，则应配制成混凝土进行强度对比试验，抗压强度比应不低于0.95

2. 石子运输和堆放

碎石或卵石在运输、装卸和堆放过程中，应防止颗粒离析和混入杂质，并应按产地、种类和规格分别堆放。堆料高度不宜超过 5m，但对单粒级或最大粒径不超过 20mm 的连续粒级，堆料高度可以增加到 10m。

（四）水

一般符合国家标准的生活饮用水，可直接用于拌制各种混凝土。地表水和地下水在首次使用前，应按有关标准进行检验后方可使用。

海水可用于拌制素混凝土，但不得用于拌制钢筋混凝土和预应力混凝土。有饰面要求的混凝土也不应用海水拌制。

混凝土生产厂及商品混凝土厂搅拌设备的洗刷水，可用作拌和混凝土的部分用水。但要注意洗刷水所含水泥和外加剂品种对所拌和混凝土的影响，并且最终拌和水中氯化物、硫酸盐及硫化物的含量应满足表2-9的规定。

表2-9　　　　　　　　　　　　混凝土拌和用水中物质含量限值

项　　目	预应力混凝土	钢筋混凝土	素混凝土
pH 值	>4	>4	>4
不溶物/(mg·L^{-1})	<2000	<2000	<5000
可溶物/(mg·L^{-1})	<2000	<5000	<10000
氯化物（以 Cl$^-$ 计）/(mg·L^{-1})	<500①	<1200	<3500
硫酸盐（以 SO$_4^{2-}$ 计）/(mg·L^{-1})	<600	<2700	<2700
硫化物（以 S^{2-} 计）/(mg·L^{-1})	<100	—	—

① 使用钢丝或经热处理钢筋的预应力混凝土氯化物含量不得超过350mg/L。

混凝土拌和用水的技术要求：

1）所用于拌和混凝土的拌和用水所含物质对混凝土、钢筋混凝土和预应力混凝土不应产生以下有害作用：①影响混凝土的和易性和凝结；②有损于混凝土的强度发展；③降低混凝土的耐久性，加快钢筋腐蚀及导致预应力钢筋脆断；④污染混凝土表面。

2）采用待检验水和蒸馏水或符合国家标准的生活用水，试验所得的水泥初凝时间差及终凝时间差均不得大于标准规定时间的30min。

3）采用待检验水配制的水泥砂浆或混凝土的28d抗压强度，不得低于用蒸馏水或符合国家标准的生活饮用水拌制的对应砂浆或混凝土抗压强度的90%。若有早期抗压强度要求时，需增加7d的抗压强度试验。

4）水的pH值、不溶物、可溶物、氯化物、硫酸盐、硫化物的含量应符合表2-9的要求。

（五）矿物掺合料

矿物掺合料，指以氧化硅、氧化铝为主要成分，在混凝土中可以代替部分水泥、改善混凝土性能，且掺量不小于5%的具有火山灰活性的粉体材料。

矿物掺合料是混凝土的主要组成材料，它起着根本改变传统混凝土性能的作用。在高性能混凝土中加入较大量的磨细矿物掺合料，可以起到降低温升、改善工作性、增进后期强度、改善混凝土内部结构、提高耐久性、节约资源等作用。其中某些矿物细掺合料还能起到抑制碱骨料反应的作用。可以将这种磨细矿物掺合料作为胶凝材料的一部分。高性能混凝土中的水胶比是指水与水泥加矿物细掺合料之比。

矿物掺合料不同于传统的水泥混合材，虽然两者同为粉煤灰、矿渣等工业废渣及沸石粉、石灰粉等天然矿粉，但两者的细度有所不同，由于组成高性能混凝土的矿物细掺合料细度更细，颗粒级配更合理，具有更高的表面活性能，能充分发挥细掺合料的粉体效应，其掺量也远远高过水泥混合材。

不同的矿物掺合料对改善混凝土的物理、力学性能与耐久性具有不同的效果，应根据混凝土的设计要求与结构的工作环境加以选择。使用矿物细掺合料与使用高效减水剂同样重要，必须认真试验选择。

1. 品质指标

粉煤灰按其品质分为Ⅰ、Ⅱ、Ⅲ三个等级。其品质指标应满足表2-10的规定。这些指标适用于一般工业与民用建筑结构和构筑物中掺粉煤灰的混凝土和砂浆。

表2-10   粉煤灰品质指标和分类

序号	指标	粉煤灰级别		
		Ⅰ	Ⅱ	Ⅲ
1	细度（0.045mm方孔筛的筛余），不大于	12	20	45
2	烧失量/%，不大于	5	8	15
3	需水量比/%，不大于	95	105	115
4	三氧化硫/%，不大于	3	3	3
5	含水率/%，不大于	1	1	不规定

2. 粉煤灰验收

粉煤灰的供货方应按规定对粉煤灰进行批量检验，并签发出厂合格证，其内容包括：①厂名和批号；②合格证编号及日期；③粉煤灰的级别及数量；④检验结果（符合表2-10的要求）。

检验批以一昼夜连续供应200t相同等级的粉煤灰为一批，不足200t者按一批计。粉煤灰供应的数量按干灰（含水率小于1%）的重量计算，必要时，使用者可对粉煤灰的品质进行随机抽样检验。取样的方法有以下两种：

（1）散装灰取样。从不同的部位取10份试样，每份不少于1kg，混合拌匀，按四分法缩取比试验所需量大一倍的试样（称为平均试样）。

（2）袋装灰取样。从每批中任抽10袋，并从每袋中各取试样不少于1kg，再按与散装灰取样中的方法混合缩取平均试样。

每批粉煤灰必须按有关试验方法的要求，检验细度和烧失量，有条件时，可加测需水量比，其他指标每季度至少检验一次。

检验后，若粉煤灰符合有关要求的为合格品；若其中任一项不符合要求时，则应重新从同一批中加倍取样，进行复检。复检仍不合格时，则该批粉煤灰应降级处理。

3. 运输和贮存

粉煤灰散装运输时，必须采取措施，防止污染环境。干粉煤灰宜贮存在有顶盖的料仓中，湿粉煤灰可堆放在带有围墙的场地上。袋装粉煤灰的包装袋上应清楚标明"粉煤灰"及其厂名、等级、批号及包装日期。

4. 粉煤灰的应用

（1）应用范围。Ⅰ级粉煤灰允许用于后张预应力钢筋混凝土构件及跨度小于6m的先张预应力钢筋混凝土构件。Ⅱ级粉煤灰主要用于普通钢筋混凝土和轻骨料钢筋混凝土。经过专门试验，或与减水剂复合，也可当Ⅰ级灰使用。Ⅲ级粉煤灰主要用于无筋混凝土和砂浆。经过专门试验，也可用于钢筋混凝土。

（2）性能指标。用于地上工程的粉煤灰混凝土，其强度等级龄期定为28d。用于地下大体积混凝土工程的粉煤灰混凝土，其强度等级龄期可定为 60d 或 90d。粉煤灰混凝土的设计强度等级不得低于基准混凝土的设计强度等级。粉煤灰混凝土的标准强度、设计强度和弹性模量，与基准混凝土一样按有关规程、规范取值。粉煤灰混凝土的收缩、徐变、抗渗等性能指标可采用相同强度等级基准混凝土的性能指标。在含气量相同的条件下，粉煤灰混凝土的抗冻性指标也可采用相同强度等级基准混凝土的抗冻性指标。粉煤灰混凝土的抗碳化性能在满足现有规程有关要求或同时掺入减水剂时，也可视为与基准混凝土基本相同。

（六）混凝土外加剂

1. 基本规定

（1）外加剂的选择。

1）外加剂的品种应根据工程设计和施工要求选择，通过试验及技术经济比较确定。

2）外加剂掺入混凝土中，不得对人体产生危害，不得对环境产生污染。

3）掺外加剂混凝土所用水泥，宜采用硅酸盐水泥、普通硅酸盐水泥、矿渣硅酸盐水泥、火山灰质硅酸盐水泥、粉煤灰硅酸盐水泥和复合硅酸盐水泥，并应检验外加剂对水泥的适应性，符合要求后方可使用。

4）掺外加剂混凝土所用材料如水泥、砂、石、掺合料等，均应符合国家现行的有关标准的要求。试配外加剂混凝土时，应采用工程使用的原材料、配合比及与施工相同的环境条件，检测项目根据设计及施工要求确定，如坍落度、坍落度经时变化、凝结时间、强度、含气量、收缩率、膨胀率等，当工程所用原材料或混凝土性能要求发生变化时，应再进行试配试验。

5）不同品种外加剂复合使用时，应注意其相容性及对混凝土性能的影响，使用前应进行试验，满足要求方可使用。

混凝土外加剂是在混凝土拌和过程中掺入的，并能按要求改善混凝土性能的材料。选择外加剂的品种，应根据使用外加剂的主要目的，通过技术经济比较确定。外加剂的掺量，应按其品种并根据使用要求、施工条件、混凝土原材料等因素通过试验确定。外加剂的掺量（按固体计算），应以水泥重量的百分率表示，称量误差不应超过规定计量的 2%。所用的粗、细骨料，应符合国家现行的有关标准的规定。掺用外加剂混凝土的制作和使用，还应符合国家现行的混凝土外加剂质量标准以及有关的标准、规范的规定。

（2）外加剂的特别规定。

1）碱含量的限制规定。碱含量的限制规定有以下几点。

a. 为了有效预防混凝土碱骨料反应发生所造成的危害，对于掺入混凝土的外加剂的碱总量（$Na_2O+0.658K_2O$）加以规定，由化学外加剂带入混凝土工程中的碱总量防水类应小于等于 0.7kg，非防水类应小于等于 1kg。

b. 化学外加剂带入混凝土的碱总量计算方法：首先按照每立方米混凝土 400kg 水泥计算化学外加剂的用量 $M(kg)$，如外加剂碱含量为 $R\%$，则带入每立方米混凝土的碱总量即为 $M \times R\% \times 100$。

c. 按照中国工程建设标准化协会颁布的 CECS53：93《混凝土碱含量限值标准》规定，矿物外掺料带入混凝土的碱总量以有效含碱量计算。

2）由于含氯外加剂掺入混凝土中会对混凝土中钢筋锈蚀产生不良影响，所以对外加剂的氯离子含量应加以严格控制。针对混凝土种类，其所选用的外加剂氯离子含量为预应力混凝土限制在 0.02kg/m³ 以下，钢筋混凝土限制在 0.02～0.2kg/m³，无筋混凝土限制在 0.2～0.6kg/m³。

3）含尿素、氨类等有刺激性气味成分的外加剂，不得用于房屋建筑工程中。

4）混凝土外加剂中含有的游离甲醛、游离萘等有害身体健康的成分含量应符合国家有关标准的规定；用于饮水工程及与食品相接触的部位时，混凝土外加剂应进行毒性检测；混凝土外加剂掺入后，不应对周围环境及大气产生污染，应符合环保要求。

5）混凝土外加剂的包装除符合 GB 8076《混凝土外加剂》中有关要求外，还应标明其在使用中的注意事项以及必要的安全措施，即是否含有苛性碱、毒性或腐蚀性等。

（3）外加剂的质量控制。选用的外加剂应有供货单位提供：产品说明书，出厂检验报告及合格证，掺外加剂混凝土性能检验报告。

外加剂运到工地（或混凝土搅拌站）必须立即取代表性样品进行检验，进货与工程试配时一致方可使用。若发现不一致时，应停止使用。

外加剂应按不同供货单位、不同品种、不同牌号分别存放，标识应清楚。

外加剂配料控制系统标识应清楚，计量应准确，计量误差为±2%。

粉状外加剂应防止受潮结块，如有结块，经性能检验合格后，应粉碎至全部通过 0.63mm 筛后方可使用。液体外加剂应放置阴凉干燥处，防止日晒、受冻、污染、进水或蒸发，如有沉淀等现象，经性能检验合格后方可使用。

2. 普通减水剂及高效减水剂

（1）普通减水剂。普通减水剂是在混凝土坍落度基本相同的条件下，能减少拌和用水量的外加剂。

普通减水剂按化学成分可分为木质素磺酸盐、多元醇系及复合物、高级多元醇、羧酸（盐）基、聚丙烯酸盐及其共聚物、聚氧乙烯醚及其衍生物 6 类。前两类是天然产品，资源丰富，成本低，广泛作为普通减水剂使用。

1）特点。普通型减水剂木质素磺酸盐是阴离子型高分子表面活性剂，对水泥团粒有吸附作用，具有半胶体性质。普通型减水剂可分为早强型、标准型、缓凝型 3 个品种，但在不复合其他外加剂时，本身有一定缓凝作用。木质素磺酸盐能增大新拌混凝土的坍落度 6～8cm，能减少用水量，减水率小于 10%；使混凝土含气量增大；减少泌水和离析；降低水泥水化放热速率和放热高峰；使混凝土初凝时间延迟，且随温度降低而加剧。

2）适用范围。适用于各种现浇及预制（不经蒸养工艺）混凝土、钢筋混凝土及预应力混凝土；中低强度混凝土。适用于大模板施工、滑模施工及日最低气温 5℃ 以上混凝土施工。多用于大体积混凝土、热天施工混凝土、泵送混凝土、有轻度缓凝要求的混凝土。以小剂量与高效减水剂复合来增加后者的坍落度和扩展度，降低成本，提高效率。

3）应用技术要点。

a. 普通减水剂适宜掺量 0.2%～0.3%，随气温升高可适当增加，但不超过 0.5%，计量误差不超过±5%。

b. 宜以溶液形式掺入，可与拌和水同时加入搅拌机内。

c. 混凝土从搅拌出机至浇筑入模的间隔时间宜为：气温 20～30℃时，间隔不超过 1h；气温 10～19℃时，间隔不超过 1.5h；气温 5～9℃时，间隔不超过 2h。

d. 普通减水剂适用于日最低气温 5℃以上的混凝土施工，低于 5℃时应与早强剂复合使用。

e. 需经蒸汽养护的预制构件使用木质素减水剂时，掺量不宜大于 0.05%，并且不宜采用腐殖酸减水剂。

（2）高效减水剂。在混凝土坍落度基本相同的条件下，能大幅度减少拌和水量的外加剂称为高效减水剂。

1）特性和品种。高效减水剂对水泥有强烈分散作用，能大大提高水泥拌和物流动性和混凝土坍落度，同时大幅度降低用水量，显著改善混凝土工作性；能大幅度降低用水量因而显著提高混凝土各龄期强度。高效减水剂基本不改变混凝土凝结时间，掺量大时（超剂量掺入）稍有缓凝作用，但并不延缓硬化混凝土早期强度的增长；在保持强度恒定值时，则能节约水泥 10%或更多；不含氯离子，对钢筋不产生锈蚀作用；能提高混凝土的抗渗、抗冻及耐腐蚀性，增强耐久性。掺量过大则产生泌水。常用的高效减水剂主要有萘系（萘磺酸盐甲醛缩合物）、三聚氰胺系（三聚氰胺磺酸盐甲醛缩合物）、多羧酸系（烯烃马来酸共聚物、多羧酸酯）、氨基磺酸系（芳香族氨基磺酸聚合物）。它们都具有较高的减水能力，三聚氰胺系高效减水剂减水率更大，但减水率越高，流动性经时损失越大。氨基磺酸盐系，由单一组分合成型，坍落度经时变化小。

2）适用范围。适用于各类工业与民用建筑、水利、交通、港口、市政等工程建设中的预制和现浇钢筋混凝土、预应力钢筋混凝土工程。适用于高强、超高强、中等强度混凝土、早强、浅度抗冻、大流动混凝土。适宜作为各类复合型外加剂的减水组分。

3）应用技术要点。

a. 高效减水剂的适宜掺量是：引气型如甲基萘系、稠环芳香族的蒽系等掺量为 0.5%～1%水泥用量；非引气型如蜜胺树脂系、萘系减水剂掺量可在 0.3%～5%之间选择，最佳掺量为 0.7%～1%；在需经蒸养工艺的预制构件中应用，掺量应适当减少。

b. 高效减水剂以溶液方式掺入为宜，但溶液中的水分应从总用水量中扣除。

c. 最常用的使用方法是与拌和水一起加入（稍后于最初一部分拌和用水的加入）。

d. 复合型高效减水剂成分不同，品牌极多，是否适用必须先经试配考察。高效减水剂亦因水泥品种、细度、矿物组分差异而存在对水泥适应性问题，宜先试验后采用。

e. 高效减水剂除氨基磺酸类、接枝共聚物类以外，混凝土的坍落度损失都很大，30min 可以损失 30%～50%，使用中须加以注意。

3. 引气剂及引气减水剂

（1）主要品种及性能。引气剂主要品种有：①松香树脂类：如松香热聚物、松香皂等；②烷基苯磺酸盐类：如烷基苯磺酸盐、烷基苯酚聚氧乙烯醚等；③脂肪醇磺酸盐类：如脂肪醇聚氧乙烯醚、脂肪酸聚氧乙烯磺酸钠等；④其他：如蛋白质盐、石油磺酸盐等。

引气减水剂主要品种有：①改性木质素磺酸盐类；②烷基芳香基磺酸盐类：如萘磺酸盐甲醛缩合物；③由各类引气剂与减水剂组成的复合剂。

引气剂是在混凝土搅拌过程中使用的外加剂，能引入大量分布均匀的微小气泡，以减少混凝土拌和物泌水离析，改善和易性，并能显著提高硬化混凝土的抗冻融耐久性。兼有引气和减水作用的外加剂称为引气减水剂。

引气剂及引气减水剂，可用于抗冻混凝土、防渗混凝土、抗硫酸盐混凝土、泌水严重的混凝土、贫混凝土、轻骨料混凝土以及对饰面有要求的混凝土。

引气剂不宜用于蒸养混凝土及预应力混凝土。

（2）应用技术要点。

1）抗冻性要求高的混凝土，必须掺用引气剂或引气减水剂，其掺量应根据混凝土的含气量要求，通过试验加以确定。掺引气剂或引气减水剂混凝土的含气量，不宜超过表 2-11 的规定。

表 2-11　　　　　　　　　　　　掺引气剂或引气减水剂混凝土的含气量

粗骨料最大粒径 /mm	混凝土的含气量 /%	粗骨料最大粒径 /mm	混凝土的含气量 /%
10	7	40	4.5
15	6	50	4
20	5.5	80	3.5
25	5	100	3

2）引气剂及引气减水剂配制溶液时，必须充分溶解，若产生絮凝或沉淀现象，应加热使其溶化后方可使用。

3）引气剂可与减水剂、早强剂、缓凝剂、防冻剂一起复合使用，配制溶液时如产生絮凝或沉淀现象，应分别配制溶液并分别加入搅拌机内。

4）检验引气剂和引气减水剂混凝土中的含气量，应在搅拌机出料口进行取样，并应考虑混凝土在运输和振捣过程中含气量的损失。

4. 缓凝剂和缓凝减水剂

缓凝剂是一种能延缓混凝土凝结时间，并对混凝土后期强度发展没有不利影响的外加剂。兼有缓凝和减水作用的外加剂，称为缓凝减水剂。

（1）特点。缓凝剂与缓凝减水剂在净浆及混凝土中均有不同的缓凝效果。缓凝效果随掺量增加而增加，超掺会引起水泥水化完全停止。

随着气温升高，羧基羧酸及其盐类的缓凝效果会明显降低；而在气温降低时，缓凝时间会延长，早期强度降低也更加明显。羧基羧酸盐缓凝剂会增大混凝土的泌水，尤其会使大水灰比低水泥用量的贫混凝土产生离析。

各种缓凝剂和缓凝减水剂主要是延缓、抑制 C_3A 矿物和 C_3S 矿物组分的水化，对 C_2S 影响相对小得多，因此不影响对水泥浆的后期水化和长龄期强度增长。

（2）缓凝剂主要品种及性能。缓凝剂分为有机物和无机物两大类。许多有机缓凝剂兼有减水、塑化作用，两类性能不可能截然分开。

缓凝剂按材料成分可分为以下几种：

1）糖类及碳水化合物：葡萄糖、糖蜜、蔗糖、己糖酸钙等。

2）多元醇及其衍生物：如多元醇、胺类衍生物、纤维素、纤维素醚。

3）羧基羧酸类：酒石酸、乳酸、柠檬酸、酒石酸钾钠、水杨酸、醋酸等。

4）木质素磺酸盐类：有较强减水增强作用，而缓凝性能较温和，故一般列入普通减水剂。

5）无机盐类：硼酸盐、磷酸盐、氟硅酸钠、亚硫酸钠、硫酸亚铁、锌盐等。

缓凝减水剂主要有糖蜜减水剂和低聚糖减水剂等。

（3）应用技术要点。

1）一是缓凝剂用于控制混凝土坍落度经时损失，使其在较长时间范围内保持良好的和易性，应首先选择能显著延长初凝时间，但初凝时间间隔短的一类缓凝剂；二是用于降低大块混凝土的水化热，并推迟放热峰的出现，应首选显著影响终凝时间或初、终凝间隔较长，但不影响后期水化和强度增长的缓凝剂；三是用于提高混凝土的密实性，改善耐久性，则应选择同前一种的缓凝剂。

2）缓凝剂及缓凝减水剂可用于大体积混凝土、炎热气候条件下施工的混凝土，以及需较长时间停放或长距离运输的混凝土。

缓凝剂及缓凝减水剂不宜用于日最低气温5℃以下施工的混凝土，也不宜单独用于有早强要求的混凝土及蒸养混凝土。

柠檬酸、酒石酸钾钠等缓凝剂，不宜单独使用于水泥用量较低、水灰比较大的贫混凝土。

在用硬石膏或工业废料石膏作调凝剂的水泥中掺用糖类缓凝剂时，应先做水泥适应性试验，合格后方可使用。

3）施工要点。缓凝剂及缓凝减水剂的品种及其掺量，应根据混凝土的凝结时间、运输距离、停放时间、强度等要求来确定。常用掺量可按表2-12的规定采用，也可参照有关产品说明书。缓凝剂及缓凝减水剂，应以溶液形式掺加，使用时加入拌和水中，溶液中的水量应从拌和水量中扣除。难溶或不溶物较多的缓凝剂和缓凝减水剂，使用时必须充分搅拌均匀。缓凝剂和缓凝减水剂，可以与其他外加剂复合使用，配制溶液时，如产生絮凝或沉淀等现象，应分别配制溶液并分别加入搅拌机内。

表 2-12   缓凝剂及缓凝减水剂常用掺量

类　别	掺量（占水泥重量）/%	类　别	掺量（占水泥重量）/%
糖类	0.1～0.3	羧基羧酸盐类	0.03～0.1
木质素磺酸盐类	0.2～0.3	无机盐类	0.1～0.2

5．早强剂及早强减水剂

（1）主要品种。早强剂是能够提高混凝土早期强度，但对后期强度没有明显影响的外加剂。主要品种有：①强电解质无机盐类早强剂：如硫酸盐、硫酸复盐、硝酸盐、亚硝酸盐、氯盐等；②水溶性有机化合物：如三乙醇胺、甲酸盐、乙酸盐、丙酸盐等。

由早强剂与减水剂组成的外加剂为早强型减水剂。

（2）适用范围。

1）早强剂及早强减水剂适用于蒸养混凝土及常温、低温和最低温度不低于－50℃环境中施工的有早强或防冻要求的混凝土工程。

2）掺入混凝土后对人体产生危害或对环境产生污染的化学物质不得用作早强剂。含有六价铬盐、亚硝酸盐等有害成分的早强剂，严禁用于饮水工程及与食品相接触的工程。硝类不得用于办公、居住等建筑工程。

3）下列结构中不得采用含有氯盐配制的早强剂及早强减水剂：①预应力混凝土结构；②在相对湿度大于80%环境中使用的结构，处于水位变化部位的结构，露天结构及经常受水淋、受水流冲刷的结构，如：给排水构筑物、暴露在海水中的结构、露天结构等；③大体积混凝土；④直接接触酸、碱或其他侵蚀性介质的结构；⑤经常处于温度为60℃以上的结构，需经蒸养的钢筋混凝土预制构件；⑥有装饰要求的混凝土，特别是要求色彩一致的或是表面有金属装饰的混凝土；⑦薄壁混凝土结构，中级和重级工作制吊车梁、屋架、落锤及锻锤混凝土基础结构；⑧骨料具有碱活性的混凝土结构。

（3）应用技术要点。

1）早强剂、早强减水剂进入工地（或混凝土搅拌站）的检验项目应包括密度（或细度），1d、3d、7d抗压强度及对钢筋的锈蚀作用，早强减水剂应增测减水率，混凝土有饰面要求的还应观测硬化后混凝土表面是否析盐。符合要求后，方可入库使用。

2）常用早强剂掺量应符合表2-13的规定。

表2-13　　　　　　　　　　　　　　早强剂掺量

混凝土种类及使用条件		早强剂品种	掺量（水泥重量）/%
预应力混凝土		1. 硫酸钠	1
		2. 三乙醇胺	0.05
钢筋混凝土	干燥环境	1. 氯盐	1
		2. 硫酸钠	2
		3. 硫酸钠与缓凝减水剂复合使用	3
		4. 三乙醇胺	0.05
	潮湿环境	1. 硫酸钠	1.5
		2. 三乙醇胺	0.05
有饰面要求的混凝土		硫酸钠	1
无筋混凝土		氯盐	2

注　1. 在预应力混凝土中，由其他原材料带入的氯盐总量，不应大于水泥重量的0.1%；在潮湿环境下的钢筋混凝土中，不应大于水泥重量的0.25%。
　　2. 表中氯盐含量，以无水氯化钙计。

3）粉剂早强剂和早强减水剂直接掺入混凝土干料中应延长搅拌时间30s。

4）常温及低温下使用早强剂或早强减水剂的混凝土采用自然养护时，宜使用塑料薄膜覆盖或喷洒养护液。终凝后应立即浇水潮湿养护。最低气温低于0℃时，除塑料薄膜外还应加盖保温材料。最低气温低于−5℃时应使用防冻剂。

5）掺早强剂或早强减水剂的混凝土采用蒸汽养护时，其蒸养制度宜通过试验确定。尤其含三乙醇胺类早强剂、早强减水剂的混凝土蒸养制度更应经试验确定。

6）常用复合早强剂、早强减水剂的组分和剂量，可根据表2-14选用。

表 2 - 14

类型	外加剂组分	常用剂量以（水泥重量）/%
复合早强剂	三乙醇胺＋氯化钠	（0.03～0.05）＋0.5
	三乙醇胺＋氯化钠＋亚硝酸钠	0.05＋（0.3～0.5）＋（1～2）
	硫酸钠＋亚硝酸钠＋氯化钠＋氯化钙	（1～1.5）＋（1～3）＋（0.3～0.5）＋（0.3～0.5）
	硫酸钠＋氯化钠	（0.5～1.5）＋（0.3～0.5）
	硫酸钠＋亚硝酸钠	（0.5～1.5）＋1.0
	硫酸钠＋三乙醇胺	（0.5～1.5）＋0.05
	硫酸钠＋二水石膏＋三乙醇胺	（1～1.5）＋2＋0.05
	亚硝酸钠＋二水石膏＋三乙醇胺	1.0＋2＋0.05
早强减水剂	硫酸钠＋萘系减水剂	（1～3）＋（0.5～1.0）
	硫酸钠＋木质素减水剂	（1～3）＋（0.15～0.25）
	硫酸钠＋糖钙减水剂	（1～3）＋（0.05～0.12）

注 早强减水剂用来提高混凝土早期抗冻害能力时，硫酸钠的用量可提高到 3%，减水剂掺量应取表中上限值。

6. 防冻剂

防冻剂是在规定温度下，能显著降低混凝土的冰点的外加剂，它能使混凝土的液相不冻结或仅部分冻结，以保证水泥的水化作用，并在一定的时间内获得预期强度。

（1）主要品种。

1）无机盐类（见表 2 - 15）。主要分为：①氯盐类：以氯盐（如氯化钙、氯化钠等）为防冻组分的外加剂；②氯盐阻锈类：以氯盐与阻锈组分为防冻组分的外加剂；③无氯盐类：以亚硝酸盐、硝酸盐等无机盐为防冻组分的外加剂。

表 2 - 15 防 冻 组 分 掺 量

防冻剂类别	防 冻 组 分 掺 量
氯盐类	氯盐掺量不得大于拌和水重量的 7%
氯盐阻锈类	总量不得大于拌和水重量的 15%
	当氯盐掺量为水泥重量的 0.5%～1.5% 时，亚硝酸钠与氯盐之比应大于 1
	当氯盐掺量为水泥重量的 1.5%～3% 时，亚硝酸钠与氯盐之比应大于 1.3
无氯盐类	总量不得大于拌和水重量的 20%，其中亚硝酸钠、亚硝酸钙、硝酸钠、硝酸钙均不得大于水泥重量的 8%，尿素不得大于水泥重量的 4%，碳酸钾不得大于水泥重量的 10%

2）有机化合物类：如以某些酸类为防冻组分的外加剂。

3）有机化合物与无机盐复合类。

4）复合型防冻剂：以防冻组分复合早强、引气、减水等组分的外加剂。

（2）适用范围。防冻剂适用于负温条件下施工的混凝土，并应符合下列规定：

1）氯盐类防冻剂可用于混凝土工程、钢筋混凝土工程，严禁用于预应力混凝土工程，并应符合 GBJ 119《混凝土外加剂应用技术规范》的规定。

2）亚硝酸盐、硝酸盐等无机盐防冻剂严禁用于预应力混凝土及与镀锌钢材相接触的混凝土结构。

3）有机化合物类防冻剂可用于混凝土工程、钢筋混凝土工程及预应力混凝土工程。

有机化合物与无机盐复合防冻剂及复合型防冻剂可用于混凝土工程、钢筋混凝土工程及预应力混凝土工程。

含有六价铬盐、亚硝酸盐等有害成分的防冻剂，严禁用于饮水工程及与食品相接触的部位，严禁食用。

含有硝铵、尿素等产生刺激性气味的防冻剂，不得用于办公、居住等建筑工程。

4）对水工、桥梁及有特殊抗冻融性要求的混凝土工程，应通过试验确定防冻剂品种及掺量。

（3）应用技术要点。

1）防冻剂的选用应符合下列规定：①在日最低气温为 0～5℃，混凝土采用塑料薄膜和保温材料覆盖养护时，可采用早强剂或早强减水剂；②在日最低气温为 −10～−5℃、−15～−10℃、−20～−15℃，采用上述保温措施时，宜分别采用规定温度为 −5℃、−10℃和−15℃的防冻剂。防冻剂的规定温度为按 JC 475《混凝土防冻剂》规定的试验条件成型的试件，在恒负温条件下养护的温度。施工使用的最低气温可比规定温度低 5℃。

2）防冻剂运到工地（或混凝土搅拌站），首先应检查是否有沉淀、结晶或结块，检验项目应包括密度（或细度）、$R-7$ 和 $R+28$ 抗压强度比、钢筋锈蚀试验、合格后方可使用。

3）掺防冻剂混凝土所用原材料，应符合下列要求：①宜选用硅酸盐水泥、普通硅酸盐水泥；②水泥存放期超过 3 个月时，使用前必须进行强度检验，合格后方可使用；③粗、细骨料必须清洁，不得含有冰、雪等冻结物及易冻裂的物质。

4）掺防冻剂混凝土的质量控制。①混凝土浇筑后，在结构最薄弱和易冻的部位，应加强保温防冻措施，并应在有代表性的部位或易冷却的部位布置测温点；②掺防冻剂混凝土的质量，应满足设计要求，并应在浇筑地点制作一定数量的混凝土试件进行强度试验。其中一组试件应在标准条件下养护，其余放置在工程条件下养护。

7. 膨胀剂

（1）主要品种。膨胀剂主要分为以下几种：①硫铝酸钙类；②硫铝酸钙-氧化钙类；③氧化钙类。

（2）适用范围。

1）膨胀剂的适用范围应符合表 2−16 的规定。

表 2−16 膨 胀 剂 的 适 用 范 围

用　　途	适　用　范　围
补偿收缩混凝土	地下、水中、海水中、隧道等构筑物、大体积混凝土（除大坝外）。配筋路面和板、屋面与厕浴间防水、构件补强、渗漏修补、预应力钢筋混凝土、回填槽等
填充用膨胀混凝土	结构后浇缝、隧洞堵头、钢管与隧道之间的填充等
填充用膨胀砂浆	机械设备的底座灌浆、地脚螺栓的固定、梁柱接头、构件补强、加固
自应力混凝土	仅用于常温下使用的自应力钢筋混凝土压力管

2）掺硫铝酸钙类、硫铝酸钙-氧化钙类膨胀剂配制的膨胀混凝土（砂浆），不得用于长期环境温度为 80℃以上的工程。

3）含氧化钙类膨胀剂配制的膨胀混凝土（砂浆），不得用于海水或有侵蚀性水的工程。

4）掺膨胀剂的混凝土适用于钢筋混凝土工程和填充性混凝土工程。

5）掺膨胀剂的大体积混凝土，其内部最高温度应符合有关标准的规定，混凝土内外温差宜小于 25℃。

6）掺膨胀剂的补偿收缩混凝土刚性屋面宜用于南方地区，其设计、施工应按 GB 50207《屋面工程质量验收规范》执行。

（3）掺膨胀剂混凝土（砂浆）的性能要求。

1）补偿收缩混凝土，其性能应满足表 2-17 的要求。

表 2-17 补偿收缩混凝土的性能

项　目	限制膨胀率/（×10⁻⁴）	限制干缩率/（×10⁻⁴）	抗压强度/MPa
龄期/d	水中 14	空气中 28	28
性能指标	≥1.5	≤3	≥25

2）填充用膨胀混凝土，其性能应满足表 2-18 的要求。

表 2-18 填充用膨胀混凝土的性能

项　目	限制膨胀率/（×10⁻⁴）	限制干缩率/（×10⁻⁴）	抗压强度/MPa
龄期/d	水中 14	空气中 28	28
性能指标	≥2.5	≤3	≥30

3）掺膨胀剂混凝土的抗压强度试验应按 GBJ 81《普通混凝土力学性能试验方法》进行。填充用膨胀混凝土的强度试件应在成型后第三天拆模。

4）膨胀砂浆（无收缩灌浆料）：其性能应满足表 2-19 的要求。灌浆用膨胀砂浆用水量采用砂浆流动度的用水量。抗压强度采用 40mm×40mm×160mm 试模，无振动成型，拆模、养护、强度检验应按 GB/T 17671《水泥胶砂强度试验方法》进行。

表 2-19 膨胀砂浆性能

流动度/mm	竖向限制膨胀率/%		抗压强度/MPa		
	3d	7d	1d	3d	28d
≥250	≥0.10	≥0.20	≥20	≥30	≥60

5）自应力混凝土：掺膨胀剂的自应力混凝土中水泥的性能应符合 JC/T 218《自应力硅酸盐水泥》的规定。

（4）应用技术要点。

1）掺膨胀剂混凝土对原材料的要求。①膨胀剂：应符合 JC 476《混凝土膨胀剂》标准的规定；膨胀剂运到工地（或混凝土搅拌站）应进行限制膨胀率检测，合格后方可入库、使用；②水泥：应符合现行通用水泥国家标准，不得使用硫铝酸盐水泥、铁铝酸盐水泥和高铝水泥。

2）掺膨胀剂的混凝土的配合比设计。胶凝材料最少用量（水泥、膨胀剂和掺合料的总量）应符合表 2-20 的规定。水胶比不宜大于 0.5。

表 2-20　　　　　　　　　　　　　胶凝材料最少用量

膨胀混凝土种类	胶凝材料最少用量/$(kg \cdot m^{-3})$
补偿收缩混凝土	300
填充用膨胀混凝土	350
自应力混凝土	500

3）用于抗渗的膨胀混凝土的水泥用量应不小于 $320kg/m^3$，当掺入掺合料时，其水泥用量不应小于 $280kg/m^3$。

4）补偿收缩混凝土的膨胀剂掺量不宜大于 12%，不宜小于 7%。填充用膨胀混凝土的膨胀剂掺量不宜大于 15%，不宜小于 10%。以水泥和膨胀剂为胶凝材料的混凝土，设基准混凝土配合比中水泥用量为 C_0、膨胀剂取代水泥率为 K，则：

膨胀剂用量　　　　　　　　　$E = C_0 \cdot K$　　　　　　　　　　　（2-1）

水泥用量　　　　　　　　　　$C = C_0 - E$　　　　　　　　　　　（2-2）

以水泥、掺合料和膨胀剂为胶凝材料的混凝土。膨胀剂取代胶凝材料率为 K，设基准混凝土配合比中水泥用量为 C'，掺合料用量为 F'，则：

膨胀剂用量　　　　　　　　　$E = (C' + F')K$　　　　　　　　　（2-3）

掺合料用量　　　　　　　　　$F = F'(1 - K)$　　　　　　　　　　（2-4）

水泥用量　　　　　　　　　　$C = C'(1 - K)$　　　　　　　　　　（2-5）

5）其他外加剂用量的确定方法：膨胀剂可与其他混凝土外加剂，如氯盐类外加剂复合使用；应有好的适应性；外加剂品种和掺量应通过试验确定。

8. 速凝剂

速凝剂是能使混凝土或砂浆迅速凝结硬化的外加剂。速凝剂主要用于喷射混凝土、砂浆及堵漏抢险工程。

（1）特点。速凝剂的促凝效果与掺入水泥中的数量成正比增长，但掺量超过 4%～6% 后则不再进一步促凝。而且掺入速凝剂的混凝土后期强度不如空白混凝土高。

（2）适用范围。主要用于喷射混凝土，是喷射混凝土所必需的外加剂，其作用是：使喷至岩石上的混凝土在 2～5min 内初凝，10min 内终凝，并产生较高的早期强度；在低温下使用不失效；混凝土收缩小；不锈蚀钢筋。速凝剂常用作调凝剂。速凝剂也适用于堵漏抢险工作。

（3）主要品种及性能。速凝剂用途不同，则化学成分也不同，因此按用途或化学成分，大致都可以分为 3 类。

1）喷射混凝土速凝剂。喷射混凝土用速凝剂主要是使喷至土面、岩石面上的混凝土迅速凝结硬化，以防脱落。喷射混凝土的早期强度稍高些即可。红星一型、阳泉一型、西古尼特等都属于这类速凝剂。主要成分是铝氧熟料，即铝酸钠盐加碳酸钠或碳酸钾。

2）复合硫铝酸盐型速凝剂，主要用于喷射混凝土。由于成分中加入石膏或矾泥等硫酸盐类和硫铝酸盐，使后期强度与不掺速凝剂的混凝土相比损失较小，含碱量较低，因而对人体腐蚀性较小。

3）硅酸钠型堵漏速凝剂，是止水堵水用速凝早强剂。这类速凝剂除要求混凝土混合物迅速凝结硬化外，还必须有较高的早期强度，以抵抗水流冲刷作用。水玻璃一类速凝早强剂就属于这一类。

（4）应用技术要点。

1）使用速凝剂时，须充分注意对水泥的适应性，正确选择速凝剂的掺量并控制好使用条件。若水泥中 C_3A 和 C_3S 含量高，则速凝效果好。一般说来对矿渣水泥效果较差。

2）注意速凝剂掺量必须适当。一般来说，气温低掺量适当加大而气温高时酌减。在满足施工要求的前提下掺量宜取低限。最佳量为 2.5％～4％。

3）缩短混合（干）料的停放时间，严格控制不超过 20min。因为速凝剂可使水泥混凝土在很短时间内凝结。

4）注意水灰比在 0.4～0.6，不要过大，以喷出物不流淌、无干斑、色泽均匀为宜。

5）喷射混凝土成型要注意湿养护，防止干裂。

6）针对不同的工程要求，选择合适的速凝剂类型。除了这三类速凝剂外，作为水泥本身还有一种调凝早强水泥。这类水泥可用于喷混凝土及紧急抢险工程（如加入高铝水泥），混凝土硬化时间甚至可调至几分钟，早期强度增长很快。

9. 阻锈剂、着色剂、养护剂、脱模剂

（1）阻锈剂。能抑制或减轻混凝土中钢筋或其他预埋金属锈蚀的外加剂称作阻锈剂，也称缓蚀剂。

1）特点。因为金属锈蚀的过程就是失去电子的过程，因此能阻止、抑制金属失去电子倾向的物质才能作为阻锈剂。比铁还原性强的离子化合物即可作为阻锈剂。

2）适用范围。钢筋阻锈剂可使用于下列环境和条件：①以氯离子为主的腐蚀性环境中，如海洋及沿海、盐碱地、盐湖地区及受冰冻或其他盐类侵害的钢筋混凝土建筑物或构筑物；②工业和民用建筑使用环境中遭受腐蚀性气体或盐类作用的新老钢筋混凝土建筑物或构筑物；③施工过程中，腐蚀有害成分可能混入混凝土内部的条件下，如使用海砂且含盐量（以 NaCl 计）在 0.04％～0.3％范围内时，或施工用水含 Cl^- 量在 200～3000mg/L 时，掺氯盐作为早强防冻剂时，以及用工业废料作为水泥掺合料而其中含有害成分或明显降低混凝土的碱度时。

国外最近在修补钢筋混凝土结构用的聚合物改性水泥砂浆中，掺加钢筋阻锈剂；在修复处的老混凝土界面和钢筋表面预处理涂料中掺加钢筋阻锈剂；在短期电渗抽出盐污染钢筋混凝土结构中的盐分或短期电渗使已碳化的钢筋混凝土结构去碳化再钝化的阴极保护新技术中，也有将钢筋阻锈剂掺加于电渗用电解质中。

3）主要品种及技术性能。①亚硝酸钠（$NaNO_2$）：是最早发现和最常使用的阻锈剂，外观为白色或微带淡黄色的结晶；②工业亚硝酸钠：作为钢筋阻锈剂，用得最多也最有效的是亚硝酸盐；③亚硝酸钙 $[Ca(NO_2)_2]$：通常为 40％浓度溶液，亚硝酸钙可使钢筋开始锈蚀的混凝土氯盐含量从 0.6～1.2kg/m³ 提高到 3.4～9.1kg/m³，混凝土水灰比愈低、保护层愈厚，此临界值提得愈高；④其他阻锈剂成分：无机盐类中氯化亚锡（SnCl），掺量 1.5％，氯化亚铁（FeCl）、铬酸钾、硫代硫酸钠、氟铝酸钠、氟硅酸钠，掺量从 0.5％

～1.0％不等。

（2）着色剂。

1）特点。着色剂是能制备具有稳定色彩混凝土的外加剂。着色剂多是无机颜料，长期暴露在空气中经受日晒雨淋而不褪色，而且对混凝土和砂浆强度无显著影响。

2）适用范围。着色剂可分为粉末颜料和浆状颜料两类，适用于常温养护的整体着色或表面着色，不适于蒸养或压蒸养护。

3）主要品种。混凝土及砂浆着色剂的主要品种及参考掺量见表2-21。

表 2-21 着色剂的主要品种及参考掺量

色 调	化 学 颜 料	用 量/％
蓝	绀青蓝、铁化青蓝	2.8
浅红至深红	氧化铁红	5.6
棕	氧化铁棕、天然赭土、烧赭土	3.9
象牙色、奶油色、浅黄色	氧化铁黄、铬化物	3.9
绿	氧化铬、铁化青绿	3.9

注 用量是指白色硅酸盐水泥的重量百分比。

（3）养护剂。用来代替洒水、铺湿砂、湿麻布对刚成型混凝土进行保持潮湿养护的外加剂称作养护剂。养护剂或称养护液在混凝土表面形成一层薄膜，防止水分蒸发，达到较长期养护的效果，尤其在工程构筑物的立面，无法用传统办法实现潮湿养护，喷刷养护剂就会起不可代替的作用。

常用的养护剂有氯偏、水玻璃、乙烯基二氧乙烯共聚物、沥青乳剂、过氯乙烯浮液等。养护剂的技术质量标准有待制定。

（4）脱模剂。

1）概念。用于减小混凝土与模板黏着力，易于使两者脱离而不损坏混凝土或渗入混凝土内的外加剂是脱模剂。

2）适用范围。脱模剂主要用于大模板施工、滑模施工、预制构件成型模具等。

3）技术要求。①具有较好的耐水性、防锈性和速干性；②在水中溶解度小，不渗入混凝土制品表层而影响混凝土制品性能，也不致在混凝土表面留下斑迹；③对混凝土表面的装修工序无影响；④无需每次清理模板，并能多次连续使用；⑤配制和涂刷工艺简便，操作安全、无毒害；⑥原材料来源丰富，价格低廉。

4）主要品种及性能。国内常用的脱模剂有下列几种：①海藻酸钠 1.5kg、滑石粉 20kg、洗衣粉 1.5kg、水 80kg，将海藻酸钠先浸泡 2～3d，再与其他材料混合，调制成白色脱模剂。常用于涂刷钢模。缺点是只能涂一次，不能多次使用，在冬季、雨期施工时，缺少防冻防雨的有效措施。②乳化机油（又名皂化石油)50％～55％、水（60～80℃)40％～45％、脂肪酸（油酸、硬脂酸或棕榈脂酸)1.5％～2.5％、石油产物（煤油或汽油)2.5％、磷酸（85％浓度)0.01％、苛性钾 0.02％，按上述重量比，先将乳化机油加热到 50～

60℃，并将硬脂酸稍加粉碎然后倒入已加热的乳化机油中，加以搅拌，使其溶解（硬脂酸熔点为 50～60℃），再加入一定量的热水（60～80℃），搅拌至成为白色乳液为止。最后将一定量的磷酸和苛性钾溶液倒入乳化液中，并继续搅拌，改变其酸度或碱度。使用时用水冲淡，按乳液与水的重量比为 1：5 用于钢模，按 1：5 或 1：10 用于木模。

（5）长效脱模剂。

1）不饱和聚酯树脂：甲基硅油：丙酮：环己酮：萘酸钴＝1：（0.01～0.15）：（0.30～0.50）：（0.03～0.04）：（0.015～0.02），每平方米模板用料（g）则依次为 60、6、30、2、1。

2）6101 号环氧树脂：甲基硅油：苯二甲酸二丁醋：丙酮：乙二胺＝1：（0.10～0.15）：（0.05～0.06）：（0.05～0.08）：（0.10～0.15），每平方米模板用料（g）依次为 60、9、3、3、6。

3）低沸水质有机硅，按有机硅水解物：汽油＝7：70 调制，每平方米模板用 50g。采用长效脱模剂，必须预先进行配合比试验。底层必须干透，才能刷第二层。涂刷一次脱模剂，一般模板可以使用 10 次左右，不用清理，但价格较贵，涂刷也较复杂。

10. 掺各种外加剂的混凝土性能指标

掺各种外加剂的混凝土性能指标见表 2-22～表 2-27。

表 2-22　　　　　　　　掺各种外加剂的混凝土性能标准（1）

项目 \ 外加剂种类		缓凝剂	缓凝减水剂	缓凝高效减水剂	早强剂	早强减水剂
减水率/%		—	≥8	≥18	—	≥8
含气量/%		—	≤5.5	≤5.5	—	≤4
泌水率比/%		≤100	≤100	≤100	≤100	≤100
凝结时间差 /min	初凝	≥90	≥90	≥90	−90～90	−90～90
	终凝	—	—	—	−90～90	−90～90
抗压强度比 /%	1d	—	—	—	≥125	≥130
	3d	≥90	≥100	≥120	≥120	≥120
	7d	≥90	≥100	≥115	≥105	≥110
	28d	≥90	≥105	≥110	≥95	≥100
28d 的收缩率/%		≤135	≤135	≤135	≤135	≤135
抗冻性能① （相对耐久性）		≥60 （冻 200）	≥60 （冻 200）	≥60 （冻 200）	≥60 （冻 200）	≥60 （冻 200）
对钢筋锈蚀作用		应说明对钢筋有无锈蚀危害				

① "≥60（冻 200）"表示将 28d 龄期的受检混凝土试件冻融循环 200 次以后，冻弹性模量保留值不小于 60%；一般情况下，本表所规定外加剂的相对耐久性不作为控制指标，但当该外加剂用于有抗冻融要求的混凝土时，必须满足此要求。

表 2-23 **掺各种外加剂的混凝土性能指标 (2)**

外加剂种类 项目		普通减水剂	高效减水剂	引气型高效 减水剂	引气剂	引气减水剂
减水率/%		≥8	≥18	≥18	≥6	≥10
含气量/%		≤4	≤4	≥30	≥3	≥3
泌水率比/%		≤100	≤95	≤70	≤80	≤80
凝结时间差 /min	初凝	−90～120	−90～120	−90～120	−90～120	−90～120
	终凝	−90～120	−90～120	−90～120	−90～120	−90～120
抗压强度比 /%	1d	—	≥130	—	—	—
	3d	≥110	≥120	≥120	≥80	≥110
	7d	≥110	≥115	≥115	≥80	≥110
	28d	≥105	≥110	≥110	≥80	≥100
28d 的收缩率/%		≤135	≤135	≤135	≤135	≤135
抗冻性能（相对耐久性）		≥60（冻 200）[1]	≥60（冻 200）	≥60（冻 200）	≥60（冻 200）	≥60（冻 200）
对钢筋锈蚀作用		应说明对钢筋有无锈蚀危害				

[1] "≥60（冻 200）"表示将 28d 龄期的受检混凝土试件冻融循环 200 次以后，冻弹性模量保留值不小于 60%；一般情况下，除引气高效减水剂、引气减水剂、引气剂之外的外加剂的相对耐久性不作为控制指标，但当该外加剂用于有抗冻融要求的混凝土时，必须满足此要求。

表 2-24 **掺防冻剂、泵送型防冻剂混凝土性能指标**

外加剂种类 项目		防冻剂			泵送型防冻剂[1]		
减水率/%		≥8			≥8		
含气量/%		≥2			≥2		
泌水率比/%		≤100			≤100		
压力泌水率/%		—			≤95		
坍落度保留值 /mm	30min	—			≥120		
	60min	—			≥100		
凝结时间差 /min	初凝	−120～120			−120～120		
	终凝	−120～120			−120～120		
抗压强度比 /%	规定温度[2]/℃	−5	−10	−15	−5	−10	−15
	R−7	≥20	≥12	≥10	≥20	≥12	≥10
	R28	≥90	≥90	≥85	≥90	≥90	≥85
	R7+28	≥90	≥85	≥80	≥90	≥85	≥80
	R7=56	≥100	≥100	≥100	≥100	≥100	≥100
28d 收缩率比/%		≤120			≤120		
抗渗压力（或高度比）/%		≥100（或≤100）			≥100（或≤100）		
抗冻性能	50 次冻融强度 损失率/%	≤100			≤100		
	相对耐久性	≥60（冻 200）[3]			≥60（冻 200）		
对钢筋锈蚀作用		应说明对钢筋有无锈蚀危害					

[1] 泵送型防冻剂检验按照 JC 475 标准进行，但受检混凝土初始坍落度控制在 210±10mm。

[2] 表中规定温度为受检验混凝土在负温养护时的温度。

[3] "≥60（冻 200）"表示将 28d 龄期的受检混凝土试件冻融循环 200 次以后，冻弹性模量保留值不小于 60%；一般情况下，本表所规定外加剂的相对耐久性不作为控制指标，但当该外加剂用于有抗冻融要求的混凝土时，必须满足此要求。

表 2-25 　　　　　　　　　　　混凝土膨胀剂性能指标

项目		指标值	
		Ⅰ型	Ⅱ型
细度	比表面积/(m² · kg⁻¹)	≥200	
	1.18mm 筛筛余/%	≤0.5	
凝结时间	初凝/min	≥45	
	终凝/min	≤600	
限制膨胀率/%	水中 7d	≥0.025	≥0.050
	空气中 21d	≤−0.020	≤−0.010
抗压强度/MPa	7d	≥20.0	
	28d	≥40.0	
总碱量（$Na_2O+0.658K_2O$）/%		≤0.75	
氧化镁含量/%		≤5.0	
氯离子含量/%		≤0.05	

注 1. 表中的限制膨胀率为强制性的，其余为推荐性的。

2. 硫铝酸钙类混凝土膨胀剂为Ⅰ型，氧化钙类混凝土膨胀剂、硫铝酸钙-氧化钙类混凝土膨胀剂为Ⅱ型。

表 2-26 　　　　　　　　　　掺防水剂类外加剂的混凝土性能指标

项目 ＼ 外加剂种类		防 水 剂	泵送型防水剂[①]
净浆安定性		合格	合格
泌水率比/%		≤70	≤70
压力泌水率比/%		—	≤95
坍落度保留值/mm	30min	—	≥120
	60min	—	≥100
凝结时间差/min	初凝	≥−90	≥−90
	终凝	—	—
抗压强度比/%	3d	≥90	≥90
	7d	≥100	≥100
	28d	≥90	≥90
渗透高度比/%		≤40	≤40
48h 吸水量/%		≤75	≤75
抗冻性能（相对耐久性）		≥60（冻 200）[②]	≥60（冻 200）
28d 收缩率比/%		≤135	≤135
对钢筋锈蚀作用		应说明对钢筋有无锈蚀危害	

① 泵送型防水剂检验方法按照 JC 474 标准，但受检混凝土初始坍落度控制在 210±10mm。

② "≥60（冻 200）"表示将 28d 龄期的受检混凝土试件冻融循环 200 次以后，冻弹性模量保留值不小于 60%；一般情况下，本表所规定外加剂的相对耐久性不作为控制指标，但当该外加剂用于有抗冻融要求的混凝土时，必须满足此要求。

　　　　　　　掺速凝剂水泥净浆及水泥砂浆的性能要求

净浆凝结时间/min		水泥砂浆		速凝剂	
初凝	终凝	1d 抗压强度 /MPa	28d 抗压强度比 /%	细度（8μm 筛筛余） /%	含水率 /%
≤5	≤10	≥7	≥70	≤15	≤2

二、混凝土配合比设计

普通混凝土配合比设计，一般应根据混凝土强度等级及施工所要求的混凝土拌和物坍落度（或工作度—维勃稠度）指标进行。如果混凝土还有其他技术性能要求，除在计算和试配过程中予以考虑外，尚应增添相应的试验项目，进行试验确认。

普通混凝土配合比设计应满足设计需要的强度和耐久性。水灰比的最大允许值和最小水泥用量，可参见表 2－28。

表 2－28 　　　　　　　　　　混凝土的最大水灰比和最小水泥用量

环境条件		结构物类别	最大水灰比			最小水泥用量/kg		
			素混凝土	钢筋 混凝土	预应力 混凝土	素混凝土	钢筋 混凝土	预应力 混凝土
干燥环境		正常的居住和办公用房屋内部件	不作规定	0.65	0.6	200	260	300
潮湿环境	无冻害	1. 高湿度的室内部件； 2. 室外部件； 3. 在非侵蚀性土和（或）水中的部件	0.7	0.6	0.6	225	280	300
	有冻害	1. 经受冻害的室外部件； 2. 在非侵蚀性土和（或）水中且经受冻害的部件； 3. 高湿度且经受冻害的室内部件	0.55	0.55	0.55	250	280	300
有冻害和除冰剂的潮湿环境		经受冻害和除冰剂作用的室内和室外部件	0.5	0.5	0.5	300	300	300

注　1. 当采用活性掺合料取代部分水泥时，表中最大水灰比和最小水泥用量即为替代前的水灰比和水泥用量。
　　2. 配制 C15 级及其以下等级的混凝土，可不受本表限制。

混凝土拌和料应具有良好的施工和易性和适宜的坍落度。混凝土的配合比要求有较适宜的技术经济性。

（一）普通混凝土配合比设计

1. 普通混凝土配合比设计步骤

普通混凝土配合比计算步骤如下。

1）计算出要求的试配强度 $f_{cu,0}$，并计算出所要求的水灰比值。

2）选取每立方米混凝土的用水量，并由此计算出每立方米混凝土的水泥用量。

3）选取合理的砂率值，计算出粗、细骨料的用量，提出供试配用的计算配合比。

以下依次列出计算公式：

（1）计算混凝土试配强度 $f_{cu,0}$，并计算出所要求的水灰比值（W/C）。

1）混凝土的施工配制强度按式（2-6）计算：

$$f_{cu,0} \geqslant f_{cu,k} + 1.645\sigma \qquad (2-6)$$

式中　$f_{cu,0}$——混凝土的施工配制强度，MPa；

　　　$f_{cu,k}$——设计的混凝土立方体抗压强度标准值，MPa；

　　　　σ——施工单位的混凝土强度标准差，MPa。

σ 的取值，如施工单位具有近期混凝土强度的统计资料时，可按式（2-7）求得：

$$\sigma = \sqrt{\frac{\sum_{i=1}^{N} f_{cu,i}^2 - N\mu_{fcu}^2}{N-1}} \qquad (2-7)$$

式中　$f_{cu,i}$——统计周期内同一品种混凝土第 i 组试件强度值，MPa；

　　　μ_{fcu}——统计周期内同一品种混凝土 N 组试件强度的平均值，MPa；

　　　　N——统计周期内同一品种混凝土试件总组数，$N \geqslant 250$。

当混凝土强度等级为 C20 或 C25 时，如计算得到的 $\sigma < 2.5$MPa，取 $\sigma = 2.5$MPa；当混凝土强度等级等于或高于 C30 时，如计算得到的 $\sigma < 3$MPa，取 $\sigma = 3$MPa。

对预拌混凝土厂和预制混凝土构件厂，其统计周期可取为 1 个月；对现场拌制混凝土的施工单位，其统计周期可根据实际情况确定，但不宜超过 3 个月。

施工单位如无近期混凝土强度统计资料时，可按表 2-29 取值。

表 2-29　　　　　　　　　　　σ 取 值 表

混凝土强度等级	<C15	C20～C35	>C35
$\sigma/(\text{N} \cdot \text{mm}^{-2})$	4	5	6

2）计算出所要求的水灰比值（混凝土强度等级小于 C60 时）

$$W/C = \frac{\alpha_a \cdot f_{ce}}{f_{cu,0} + \alpha_a \cdot \alpha_b \cdot f_{ce}} \qquad (2-8)$$

式中　α_a、α_b——回归系数；

　　　　f_{ce}——水泥 28d 抗压强度实测值，MPa；

　　　W/C——混凝土所要求的水灰比。

a. 回归系数 α_a、α_b 通过试验统计资料确定，若无试验统计资料，回归系数可按表 2-30 选用。

表 2-30　　　　　　　　　　回归系数 α_a、α_b 选用表

种　类	碎　石	卵　石
α_a	0.46	0.48
α_b	0.07	0.33

b. 当无水泥 28d 实测强度数据时，式中 f_{ce} 值可用水泥强度等级值（MPa）乘上一个水泥强度等级的富余系数 γ_c，富余系数 γ_c 可按实际统计资料确定，无资料时可取 $\gamma_c = 1.13$。f_{ce} 值也可根据 3d 强度或快测强度推定 28d 强度关系式推定得出。对于出厂期超过

三个月或存放条件不良而已有所变质的水泥，应重新鉴定其强度等级，并按实际强度进行计算。

c. 计算所得的混凝土水灰比值应与规范所规定的范围进行核对，如果计算所得的水灰比大于表 2-33 所规定的最大水灰比值时，应按表 2-33 取值。

（2）选取每立方米混凝土的用水量和水泥用量。

1）选取用水量。

a. W/C 在 0.4～0.8 范围时，根据粗骨料的品种及施工要求的混凝土拌和物的稠度，其用水量可按表 2-31、表 2-32 取用。

表 2-31　　　　　　　　干硬性混凝土的用水量　　　　　　　单位：kg·m⁻³

拌和物稠度		卵石最大粒径/mm			碎石最大粒径/mm		
项目	指标	10	20	40	16	20	40
维勃稠度 /s	16～20	175	160	145	180	170	155
	11～15	180	165	150	185	175	160
	5～10	185	170	155	190	180	165

表 2-32　　　　　　　　塑性混凝土的用水量　　　　　　　单位：kg·m⁻³

拌和物稠度		卵石最大粒径/mm				碎石最大粒径/mm			
项目	指标	10	20	31.5	40	16	20	31.5	40
坍落度 /mm	10～30	190	170	160	150	200	185	175	165
	35～50	200	180	170	160	210	195	185	175
	55～70	210	190	180	170	220	205	195	185
	75～90	215	195	185	175	230	215	205	195

注　1. 本表用水量系采用中砂时的平均取值。采用细砂时，每立方米混凝土用水量可增加 5～10kg；采用粗砂时，则可减少 5～10kg。

　　2. 掺用各种外加剂或掺合料时，用水量应相应调整。

b. W/C 小于 0.4 的混凝土或混凝土强度等级不小于 C60 级以及采用特殊成型工艺的混凝土用水量应通过试验确定。

c. 流动性和大流动性混凝土的用水量可以表 2-32 中坍落度 90mm 的用水量为基础，按坍落度每增大 20mm 用水量增加 5kg，计算出未掺外加剂时的混凝土的用水量。

d. 掺外加剂时的混凝土用水量可按式（2-9）计算：

$$m_{wa} = m_{w0}(1-\beta) \tag{2-9}$$

式中　m_{wa}——掺外加剂混凝土每立方米混凝土的用水量，kg；

　　　m_{w0}——未掺外加剂混凝土每立方米混凝土的用水量，kg；

　　　β——外加剂的减水率，%。

外加剂的减水率应经试验确定。

2）计算每立方米混凝土的水泥用量。每立方米混凝土的水泥用量（m_{c0}）可按式（2-10）计算：

$$m_{c0} = \frac{m_{w0}}{W/C} \tag{2-10}$$

计算所得的水泥用量如小于表 2-33 所规定的最小水泥用量时，则应按表 2-33 取值。混凝土的最大水泥用量不宜大于 550kg/m^3。

表 2-33　　　　　　　　　　　混 凝 土 的 砂 率　　　　　　　　　　　%

水灰比 W/C	卵石最大粒径/mm			碎石最大粒径/mm		
	10	20	40	16	20	40
0.4	26～32	25～31	24～30	30～35	29～34	27～32
0.5	30～35	29～34	28～33	33～38	32～37	30～35
0.6	33～38	32～37	31～36	36～41	35～40	33～38
0.7	36～41	35～40	34～39	39～44	38～43	36～41

注　1. 表中数值系中砂的选用砂率。对细砂或粗砂，可相应地减少或增加砂率。

　　2. 只用一个单粒级粗骨料配制混凝土时，砂率应适当增加。

　　3. 对薄壁构件，砂率取偏大值。

　　4. 表中的砂率系指砂与骨料总量的重量比。

（3）选取混凝土砂率值，计算粗细骨料用量。

1）选取砂率值。

a. 坍落度为 10～60mm 的混凝土砂率，可按粗骨料品种、规格及混凝土的水灰比在表 2-33 中选用。

b. 坍落度大于 60mm 的混凝土砂率，可经试验确定，也可在表 2-38 的基础上，按坍落度每增大 20mm，砂率增大 1% 的幅度予以调整。

c. 坍落度小于 10mm 的混凝土，其砂率应通过试验确定。

2）计算粗、细骨料的用量，算出供试配用的配合比。在已知混凝土用水量、水泥用量和砂率的情况下，可用体积法或重量法求出粗、细骨料的用量，从而得出混凝土的初步配合比。

a. 体积法，又称绝对体积法。这个方法是假设混凝土组成材料绝对体积的总和等于混凝土的体积，因而得到下列方程式，并解之。

$$\frac{m_{c0}}{\rho_c} + \frac{m_{g0}}{\rho_g} + \frac{m_{s0}}{\rho_s} + \frac{m_{w0}}{\rho_w} + 0.01\alpha = 1 \tag{2-11}$$

$$\beta_s = \frac{m_{s0}}{m_{g0} + m_{s0}} \times 100\% \tag{2-12}$$

式中　m_{c0}——每立方米混凝土的水泥用量，kg/m^3；

　　　　m_{g0}——每立方米混凝土的粗骨料用量，kg/m^3；

　　　　m_{s0}——每立方米混凝土的细骨料用量，kg/m^3；

　　　　m_{w0}——每立方米混凝土的用水量，kg/m^3；

　　　　ρ_c——水泥密度可取 $2900～3100, \text{kg/m}^3$；

　　　　ρ_g——粗骨料的视密度，g/cm^3；

　　　　ρ_s——细骨料的视密度，g/cm^3；

ρ_w——水的密度可取 1000，kg/m³；

α——混凝土含气量百分数在不使用含气型外掺剂时可取 $\alpha=1$，%；

β_s——砂率，%。

在上述关系式中，ρ_g 和 ρ_s 应按 JGJ 53—92《普通混凝土用碎石或卵石质量标准及检验方法》及 JGJ 52—92《普通混凝土用砂质量标准及检验方法》所规定的方法测得。

b. 重量法，又称为假定重量法。这种方法是假定混凝土拌和料的重量为已知，从而，可求出单位体积混凝土的骨料总用量（重量），进而分别求出粗、细骨料的重量，得出混凝土的配合比。方程式如下：

$$m_{c0}+m_{g0}+m_{s0}+m_{w0}=m_{cp} \tag{2-13}$$

$$\beta_s=\frac{m_{s0}}{m_{g0}+m_{s0}}\times100\% \tag{2-14}$$

式中 m_{cp}——每立方米混凝土拌和物的假定重量，kg/m³，其值可取 2350～2450kg/m³；

其他符号意义与式（2-11）、式（2-12）同。

上述关系式中的 m_{cp}，可根据本单位累积的试验资料确定。在无资料时，可根据骨料的密度、粒径以及混凝土强度等级，在 2350～2450kg/m³ 的范围内选取。

2. 普通混凝土拌和物的试配和调整

按照工程中实际使用的材料和搅拌方法，根据计算出的配合比进行试拌。混凝土试拌的数量不应少于表 2-34 所规定的数值，如需要进行抗冻、抗渗或其他项目试验，应根据实际需要计算用量。采用机械搅拌时，拌和量应不小于该搅拌机额定搅拌量的 1/4。

表 2-34　　　　　　　　　　　混凝土试配的最小搅拌量

骨料最大粒径/mm	拌和物数量/L
≤31.5	15
40	25

如果试拌的混凝土坍落度不能满足要求或保水性不好，应在保证水灰比条件下相应调整用水量或砂率，直到符合要求为止。然后提出供检验混凝土强度用的基准配合比。混凝土强度试块的边长，应不小于表 2-35 的规定。

表 2-35　　　　　　　　　　　混凝土立方体试块边长

骨料最大粒径/mm	试块边长/(mm×mm×mm)
≤30	100×100×100
≤40	150×150×150
≤60	200×200×200

制作混凝土强度试块时，至少应采用三个不同的配合比，其中一个是按上述方法得出的基准配合比，另外两个配合比的水灰比，应较基准配合比分别增加或减少 0.05，其用水量应该与基准配合比相同，但砂率值可分别增加和减少 1%。

当不同水灰比的混凝土拌和物坍落度与要求值的差超过允许偏差时，可通过增、减用水量进行调整。

制作混凝土强度试件时，尚需试验混凝土的坍落度、黏聚性、保水性及混凝土拌和物的表观密度，作为代表这一配合比的混凝土拌和物的各项基本性能。

每种配合比应至少制作一组（3 块）试件，标准养护 28d 后进行试压；有条件的单位也可同时制作多组试件，供快速检验或较早龄期的试压，以便提前提出混凝土配合比供施工使用。但以后仍必须以标准养护 28d 的检验结果为准，据此调整配合比。

经过试配和调整以后，便可按照所得的结果确定混凝土的施工配合比。由试验得出的各水灰比值的混凝土强度，用作图法或计算求出混凝土配制强度、$f_{cu,0}$ 相对应的水灰比。这样，初步定出混凝土所需的配合比，其值为：

用水量 m_w——取基准配合比中的用水量值，并根据制作强度试件时测得的坍落度值或维勃稠度加以适当调整；

水泥用量 m_c——以用水量乘以经试验选定出来的灰水比计算确定；

粗骨料 m_g 和细骨料 m_s 用量——取基准配合比中的粗骨料和细骨料用量，按选定灰水比进行适当调整后确定。

按上述各项定出的配合比算出混凝土的表观密度计算值 $\rho_{c,c}$ 为

$$\rho_{c,c} = m_c + m_g + m_s + m_w \tag{2-15}$$

再将混凝土的表观密度实测值除以表观密度计算值，得出配合比校正系数 δ：

$$\delta = \rho_{c,t} / \rho_{c,c} \tag{2-16}$$

式中　$\rho_{c,t}$——混凝土表观密度实测值，kg/m^3；

　　　$\rho_{c,c}$——混凝土表观密度计算值，kg/m^3。

当混凝土表观密度实测值与计算值之差的绝对值不超过计算值的 2% 时，按上述确定的配合比即为确定的设计配合比，当两者之差超过 2% 时，应将混凝土配合比中每项材料用量均乘以校正系数 δ，即为最终确定的配合比设计值。

3. 掺矿物掺合料混凝土配合比设计

（1）设计原则。掺矿物掺合料混凝土的设计强度等级、强度保证率、标准差及离差系数等指标应与基准混凝土相同，配合比设计以基准混凝土配合比为基础，按等稠度、等强度的等级原则等效置换，并应符合 JGJ 55《普通混凝土配合比设计规程》的规定。

（2）设计步骤。

1）根据设计要求，按照 JGJ 55《普通混凝土配合比设计规程》进行基准配合比设计。

2）可按表 2-36 选择矿物掺合料的取代水泥百分率 β_c。

表 2-36　　　　　　　　　取 代 水 泥 百 分 率

矿物掺合料种类	水灰比或强度等级	取代水泥百分率 β_c/%		
		硅酸盐水泥	普通硅酸盐水泥	矿渣硅酸盐水泥
粉煤灰	≤0.4	≤40	≤35	≤30
	>0.4	≤30	≤25	≤20
粒化高炉矿渣粉	≤0.4	≤70	≤55	≤35
	>0.4	≤50	≤40	≤30

矿物掺合料种类	水灰比或强度等级	取代水泥百分率 β_c/%		
		硅酸盐水泥	普通硅酸盐水泥	矿渣硅酸盐水泥
沸石粉	≤0.4	10~15	10~15	5~10
	>0.4	15~20	15~20	10~15
硅灰	C50 以上	≤10	≤10	≤10
复合掺合料	≤0.4	≤70	≤60	≤50
	>0.4	≤55	≤50	≤40

注 高钙粉煤灰用于结构混凝土时，根据水泥品种不同，其掺量不宜超过以下限制：矿渣硅酸盐水泥，不大于15%；普通硅酸盐水泥，不大于20%；硅酸盐水泥，不大于30%。

3）按所选用的取代水泥百分率 β_c，求出每立方米矿物掺合料混凝土的水泥用量 m_c：

$$m_c = m_{c0}(1-\beta_c) \qquad (2-17)$$

4）按表 2-37 选择矿物掺合料超量系数 δ_c。

表 2-37   超 量 系 数 δ_c

矿物掺合料种类	规格或级别	超量系数 δ_c
粉煤灰	I	1~1.4
	II	1.2~1.7
	III	1.5~2
粒化高炉矿渣粉	S105	0.95
	S95	1~1.15
	S75	1~1.25
沸石粉		1
复合掺合料	S105	0.95
	S95	1~1.15
	S75	1~1.25

5）按超量系数 δ_c 求出每立方米混凝土的矿物掺合料用量 m_f：

$$m_f = \delta_c(m_{c0}-m_c) \qquad (2-18)$$

上二式中　　β_c——取代水泥百分率，%；

$\quad\quad\quad\quad m_f$——每立方米混凝土中的矿物掺合料用量，kg/m³；

$\quad\quad\quad\quad \delta_c$——超量系数；

$\quad\quad\quad\quad m_{c0}$——每立方米基准混凝土中的水泥用量，kg/m³；

$\quad\quad\quad\quad m_c$——每立方米矿物掺合料混凝土中的水泥用量，kg/m³。

6）计算每立方米矿物掺合料混凝土中水泥、矿物掺合料和细骨料的绝对体积，求出矿物掺合料超出水泥的体积。

7）按矿物掺合料超出水泥的体积，扣除同体积的细骨料用量。

8）矿物掺合料混凝土的用水量，按基准混凝土配合比的用水量取用。

9）根据计算的矿物掺合料混凝土配合比，通过试拌，在保证设计的工作性的基础上，进行混凝土配合比的调整，直到符合要求。

10）外加剂的掺量应按取代前基准水泥的百分比计。

11）矿物掺合料混凝土的水灰比及水泥用量、胶凝材料用量应符合表 2-38 的要求。

表 2-38   最小水泥用量、胶凝材料用量和最大水灰比

矿物掺合料种类	用途	最小水泥用量 /(kg·m⁻³)	最小胶凝材料用量 /(kg·m⁻³)	最大水灰比
粒化高炉矿渣粉复合掺合料	有冻害、潮湿环境中结构	200	300	0.5
	上部结构	200	300	0.55
	地下、水下结构	150	300	0.55
	大体积混凝土	110	270	0.6
	无筋混凝土	100	250	0.7

注 掺粉煤灰、沸石粉和硅灰的混凝土应符合 JGJ 55《普通混凝土配合比设计规程》中的规定。

（二）有特殊要求的混凝土配合比设计

1. 抗渗混凝土

（1）抗渗混凝土所用原材料应符合下列规定：

1）粗骨料宜采用连续级配，其最大粒径不宜大于 40mm，含泥量不得大于 1%，泥块含量不得大于 0.5%。

2）细骨料的含泥量不得大于 3%，泥块含量不得大于 1%。

3）外加剂宜采用防水剂、膨胀剂、引气剂、减水剂或引气减水剂。

4）抗渗混凝土宜掺用矿物掺合料。

（2）抗渗混凝土配合比的计算方法和试配步骤除应遵守普通混凝土配合比设计的规定外，尚应符合下列规定：

1）每立方米混凝土中的水泥和矿物掺合料总量不宜小于 320kg。

2）砂率宜为 35%～45%。

3）供试配用的最大水灰比应符合表 2-39 的规定。

表 2-39   抗渗混凝土最大水灰比

抗 渗 等 级	最 大 水 灰 比	
W6	C20～C30	C30 以上
W8～W12	0.6	0.55
W12 以上	0.55	0.5
抗渗等级	0.5	0.45

（3）掺用引气剂的抗渗混凝土，其含气量宜控制在 3%～5%。

（4）进行抗渗混凝土配合比设计时，尚应增加抗渗性能试验，并应符合下列规定：

1）试配要求的抗渗水压值应比设计值提高 0.2MPa。

2）试配时，宜采用水灰比最大的配合比作抗渗试验，其试验结果应符合下式要求：

$$P_t \geqslant P/10 + 0.2 \qquad\qquad (2-19)$$

式中　P_t——6 个试件中 4 个未出现渗水时的最大水压值，MPa；

　　　　P——设计要求的抗渗等级值。

　　3）掺引气剂的混凝土还应进行含气量试验，试验结果应符合《水工混凝土施工规范》的规定。

　　2. 抗冻混凝土

　　（1）抗冻混凝土所用原材料应符合下列规定：

　　1）应选用硅酸盐水泥或普通硅酸盐水泥，不宜使用火山灰质硅酸盐水泥。

　　2）宜选用连续级配的粗骨料，其含泥量不得大于 1%，泥块含量不得大于 0.5%。

　　3）细骨料含泥量不得大于 3%，泥块含量不得大于 1%。

　　4）抗冻等级 F100 及以上的混凝土所用的粗骨料和细骨料均应进行坚固性试验，并应符合现行行业标准 JGJ 53《普通混凝土用碎石或卵石质量标准及检验方法》及 JGJ 52《普通混凝土用砂质量标准及检验方法》的规定。

　　5）抗冻混凝土宜采用减水剂，对抗冻等级 F100 及以上的混凝土应掺引气剂，掺用后混凝土的含气量应符合普通混凝土配合比设计的规定。

　　（2）凝土配合比的计算方法和试配步骤除应遵守普通混凝土配合比设计规定外，供试配用的最大水灰比尚应符合表 2-40 的规定。

表 2-40　　　　　　　　　　　抗冻混凝土的最大水灰比

抗　冻　等　级	无　引　气　剂　时	掺　引　气　剂　时
F50	0.55	0.6
F100	—	0.55
F150 及以上	—	0.5

　　（3）进行抗冻混凝土配合比设计时，尚应增加抗冻融性能试验。

　　3. 高强混凝土

　　（1）配制高强混凝土所用原材料应符合下列规定：

　　1）应选用质量稳定、强度等级不低于 42.5 级的硅酸盐水泥或普通硅酸盐水泥。

　　2）对强度等级为 C60 级的混凝土，其粗骨料的最大粒径不应大于 31.5mm，对强度等级高于 C60 级的混凝土，其粗骨料的最大粒径不应大于 25mm；针片状颗粒含量不宜大于 5%，含泥量不应大于 0.5%，泥块含量不宜大于 0.2%；其他质量指标应符合现行行业标准 JGJ 53《普通混凝土用碎石或卵石质量标准及检验方法》的规定。

　　3）细骨料的细度模数宜大于 2.6，含泥量不应大于 2%，泥块含量不应大于 0.5%。其他质量指标应符合现行行业标准 JGJ 52《普通混凝土用砂质量标准及检验方法》的规定。

　　4）配制高强混凝土时应掺用高效减水剂或缓凝高效减水剂；并应掺用活性较好的矿物掺合料，且宜复合使用矿物掺合料。

　　（2）强混凝土配合比的计算方法和步骤除应按本章规定进行外，尚应符合下列规定：

　　1）基准配合比中的水灰比，可根据现有试验资料选取。

2）配制高强混凝土所用砂率及所采用的外加剂和矿物掺合料的品种、掺量，应通过试验确定。

3）高强混凝土的水泥用量不应大于 550kg/m³；水泥和矿物掺合料的总量不应大于 600kg/m³。

（3）高强混凝土配合比的试配与确定的步骤应按本章的规定进行。当采用 3 个不同的配合比进行混凝土强度试验时，其中一个应为基准配合比，另外两个配合比的水灰比，宜较基准配合比分别增加和减少 0.02～0.03。

（4）高强混凝土设计配合比确定后，尚应用该配合比进行不少于 6 次的重复试验进行验证，其平均值不应低于配制强度。

4. 泵送混凝土

（1）泵送混凝土原材料。

1）水泥。配制泵送混凝土应采用硅酸盐水泥、普通硅酸盐水泥、矿渣硅酸盐水泥和粉煤灰硅酸盐水泥，不宜采用火山灰质硅酸盐水泥。矿渣水泥保水性稍差，泌水性较大，但由于其水化热较低，多用于配制泵送的大体积混凝土，但宜适当降低坍落度、掺入适量粉煤灰和适当提高砂率。

2）粗骨料。粗骨料的粒径、级配和形状对混凝土拌和物的可泵性有着十分重要的影响。粗骨料的最大粒径与输送管的管径之比有直接的关系，应符合表 2-41 的规定。粗骨料应符合国家现行标准 JGJ 53《普通混凝土用碎石或卵石质量标准及检验方法》的规定。粗骨料应采用连续级配，针片状颗粒含量不宜大于 10%。粗骨料的级配影响空隙率和砂浆用量，对混凝土可泵性有影响，常用的粗骨料级配曲线可按图 2-1 选用。

表 2-41　　　　　　　　　　　粗骨料的最大粒径与输送管径之比

石 子 品 种	泵送高度/m	粗骨料的最大粒径与输送管径之比
碎石	<50	≤1：30
	50～100	≤1：4
	>100	≤1：5
卵石	<50	≤1：2.5
	50～100	≤1：3
	>100	≤1：4

粗细骨料最佳级配区宜尽可能接近适宜泵送区的中间区域。

3）细骨料。细骨料对混凝土拌和物的可泵性也有很大影响。混凝土拌和物之所以能在输送管中顺利流动，主要是由于粗骨料被包裹在砂浆中，而由砂浆直接与管壁接触起到的润滑作用。对细骨料除应符合国家现行标准 JGJ 52《普通混凝土用砂质量标准及检验方法》外，一般有下列要求：①宜采用中砂，细度模数为 2.5～3.2；②通过 0.315mm 筛孔的砂不少于 15%；③应有良好的级配，可按图 2-2 选用。

4）掺合料。泵送混凝土中常用的掺合料为粉煤灰，掺入混凝土拌和物中，能使泵送

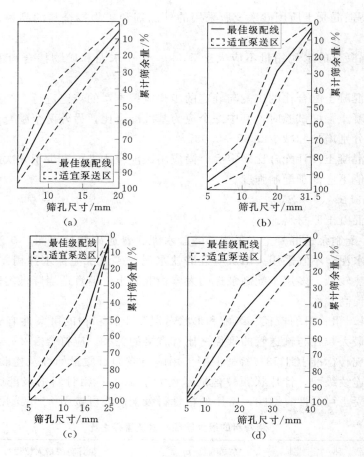

图 2-1 泵送混凝土粗骨料最佳级配图

(a) 粗骨料 5～20mm 最佳级配图；(b) 粗骨料 5～31.5mm 最佳级配图；

(c) 粗骨料 5～25mm 最佳级配图；(d) 粗骨料 5～40mm 最佳级配图

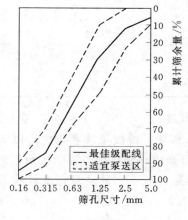

图 2-2 泵送混凝土细
骨料最佳级配图

混凝土的流动性显著增加，且能减少混凝土拌和物的泌水和干缩，大大改善混凝土的泵送性能。当泵送混凝土中水泥用量较少或细骨料中通过 0.315mm 筛孔的颗粒小于 15％时，掺加粉煤灰是很适宜的。对于大体积混凝土结构，掺加一定数量的粉煤灰还可以降低水泥的水化热，有利于控制温度裂缝的产生。

粉煤灰的品质应符合国家现行标准 GB/T 1596—2005《用于水泥和混凝土中的粉煤灰》、JGJ 28—86《粉煤灰在混凝土和砂浆中应用技术规程》和 GB/T 14902—2012《预拌混凝土》的有关规定。

5）外加剂。泵送混凝土中的外加剂，主要有泵送剂、减水剂和引气剂，对于大体积混凝土结构，为防止产生收缩裂缝，还可掺入适宜的膨胀剂。

（2）泵送混凝土配合比设计。泵送混凝土配合比设计应根据混凝土原材料、混凝土运输距离、混凝土泵与混凝土输送管径、泵送距离、气温等具体施工条件试配。必要时，应通过试泵送确定泵送混凝土的配合比。

泵送混凝土的坍落度，可按国家现行标准 JGJ/T 10—2011《混凝土泵送施工技术规程》的规定选用。对不同泵送高度，入泵时混凝土的坍落度，可按表 2-42 选用。混凝土入泵时的坍落度允许误差应符合表 2-43 的规定。混凝土经时坍落度损失值，可按表 2-44 选用。

表 2-42 不同泵送高度入泵时混凝土坍落度选用值

泵送高度/m	30 以下	30～60	60～100	100 以上
坍落度/mm	100～140	140～160	160～180	180～200

表 2-43 混凝土坍落度允许误差

所需坍落度/mm	坍落度允许误差/mm
≤100	±20
>100	±30

表 2-44 混凝土经时坍落度损失值

大气温度/℃	10～20	20～30	30～35
混凝土经时坍落度损失值（掺粉煤灰和木钙，经时 1h）/mm	5～25	25～35	35～50

注 掺粉煤灰与其他外加剂时，坍落度经时损失值可根据施工经验确定。无施工经验时，应通过试验确定。

泵送混凝土配合比设计时，应参照以下参数：

1）泵送混凝土的用水量与水泥和矿物掺合料的总量之比不宜大于 0.60。

2）泵送混凝土的砂率宜为 35%～45%。

3）泵送混凝土的水泥和矿物掺合料的总量不宜小于 300kg/m³。

4）泵送混凝土应掺适量外加剂，并应符合国家现行标准 JC 473—2001《混凝土泵送剂》的规定。外加剂的品种和掺量宜由试验确定。不得任意使用。掺用引气型外加剂时，其混凝土的含气量不宜大于 4%。

5）掺粉煤灰的泵送混凝土配合比设计，必须经过试配确定。并应符合国家现行标准的有关规定。

（三）控制碱骨料反应配合比设计要点

混凝土碱骨料反应是指混凝土中的碱和环境中可能渗入的碱与混凝土骨料（砂石）中的活性矿物成分，在混凝土固化后缓慢发生化学反应，产生胶凝物质，因吸收水分后发生膨胀，最终导致混凝土从内向外延伸开裂和损毁的现象。

混凝土碱含量是指来自水泥、化学外加剂和矿粉掺合料中游离钾、钠离子量之和。以当量 Na_2O 计，单位 kg/m³（当量 $Na_2O\% = Na_2O\% + 0.658K_2O\%$）。即：混凝土碱含量 = 水泥带入碱量（等当量 Na_2O 百分含量×单方水泥用量）+外加剂带入碱量+掺合料中有效碱含量。

1. 混凝土最大碱含量

根据 GB 50010—2010《混凝土结构设计规范》，混凝土结构的耐久性应符合表 2-45 的环境类别和设计使用年限要求。

表 2-45　　　　　　　　　　混凝土结构的环境类别

环境类别		条　　件
一		室内正常环境
二	a	室内潮湿环境；非严寒和非寒冷地区的露天环境；与无侵蚀性的水或土壤直接接触的环境
	b	严寒和寒冷地区的露天环境；与无侵蚀性的水或土壤直接接触的环境
三		使用除冰盐的环境；严寒和寒冷地区冬期水位变动的环境；滨海室外环境
四		海水环境
五		受人为或自然的侵蚀性物质影响的环境

注　严寒和寒冷地区的划分应符合国家现行标准 JGJ 24《民用建筑热工设计规程》的规定。一类、二类和三类环境中，设计使用年限为 50 年的结构混凝土应符合表 2-46 的规定。

表 2-46　　　　　　　　　　结构混凝土耐久性的基本要求

环境类别		最大水灰比	最小水泥用量 /(kg·m⁻³)	最低混凝土 强度等级	最大氯离子 含量/%	最大碱含量 /(kg·m⁻³)
一		0.65	225	C20	1	不限制
二	a	0.6	250	C25	0.3	3
	b	0.55	275	C30	0.2	3
三		0.5	300	C30	0.1	3

注　1. 氯离子含量系指其占水泥用量的百分率。

2. 预应力构件混凝土中的最大氯离子含量为 0.06%，最小水泥用量为 300kg/m³；最低混凝土强度等级应按表中规定提高两个等级。

3. 素混凝土构件的最小水泥用量不应少于表中数值减 25kg/m³。

4. 当混凝土中加入活性掺合料或能提高耐久性的外加剂时，可适当降低最小水泥用量。

5. 当有可靠工程经验时，处于一类和二类环境中的最低混凝土强度等级可降低一个等级。

6. 当使用非碱活性骨料时，对混凝土中的碱含量可不作限制。

2. 配合比设计控制要点

（1）控制碱骨料反应配合比设计，与普通混凝土设计相同，主要是控制组成材料的碱含量以及骨料的碱活性。

碱活性骨料按砂浆棒长度膨胀法试验（砂浆棒养护龄期 180d 或 16d），按膨胀量的大小分为四种。

1）A 种：非碱活性骨料，膨胀量小于或等于 0.02%。

2）B 种：低碱活性骨料，膨胀量大于 0.02%，小于或等于 0.06%。

3）C 种：碱活性骨料，膨胀量大于 0.06%，小于或等于 0.10%。

4）D 种：高碱活性骨料，膨胀量大于 0.10%。

（2）一类工程可不采取预防混凝土碱骨料反应措施，但结构混凝土外露部分需采取有效的防水措施。如采用防水涂料、面砖等，防止雨水渗进混凝土结构。

一类环境中，设计使用年限为 100 年的结构混凝土应符合下列规定。

1）钢筋混凝土结构的最低混凝土强度等级为 C30；预应力混凝土结构的最低混凝土强度等级为 C40。

2）混凝土中的最大氯离子含量为 0.06%。

3）宜使用非碱活性骨料；当使用碱活性骨料时，混凝土中的最大碱含量为 3kg/m³。

4）混凝土保护层厚度应按规定增加 40%；当采取有效的表面防护措施时，混凝土保护层厚度可适当减少。

5）在使用过程中，应定期维护。

（3）凡用于二类和三类以上工程结构用水泥、砂石、外加剂、掺合料等混凝土用建筑材料，必须具有由技术监督局核定的法定检测单位出具的（碱含量和骨料活性）检测报告，无检测报告的混凝土材料禁止在此类工程上应用。

（4）二类工程均应采取预防混凝土碱骨料反应措施；要首先对混凝土的碱含量作出评估。

1）使用 A 种非碱活性骨料配制混凝土，其混凝土含碱量不受限制。

2）使用 B 种低碱活性骨料配制混凝土，其混凝土含碱量不超过 5kg/m³。

3）使用 C 种碱活性骨料配制混凝土，其混凝土含碱量不超过 3kg/m³。

4）D 种高碱活性骨料严禁用于二类和三类以上的工程。

5）特别重要结构工程或特殊结构工程，应按有关混凝土碱骨料试验数据配制混凝土。

（5）配制二类工程用混凝土应当首先考虑使用 B 种低碱活性骨料以及优选低碱水泥（碱含量 0.6% 以下）、掺加矿粉掺合料及低碱、无碱外加剂。

用 C 种活性骨料配制二类工程用混凝土，当混凝土含碱量超过限额时，可采取下述措施，但应作好混凝土试配，同时满足混凝土强度等级要求。

1）用含碱量不大于 1.5% 的 Ⅰ 或 Ⅱ 级粉煤灰取代 25% 以上重量的水泥，并控制混凝土碱含量低于 4kg/m³。

2）用含碱量不大于 1.0%、比表面积 4000cm²/g 以上的高炉矿渣粉取代 40% 以上重量的水泥，并控制混凝土碱含量低于 4kg/m³。

3）用硅灰取代 10% 以上重量的水泥，并控制混凝土碱含量低于 4kg/m³。

4）用沸石粉取代 30% 以上重量的水泥，并控制混凝土碱含量低于 4kg/m³。

5）使用比表面积 5000cm²/g 以上的超细矿粉掺合料时，可通过检测单位试验确定抑制碱骨料反应的最小掺量。

6）用作碱骨料反应抑制剂的有锂盐和钡盐。加入水泥重量的碳酸锂（Li_2CO_3）或氯化锂（LiCl），或者 2%～6% 的碳酸钡（$BaCO_3$）、硫酸钡（$BaSO_4$）或氯化钡（$BaCl_2$），均能显著有效地抑制碱骨料反应。掺用引气剂使混凝土保持 4%～5% 的含气量，可容纳一定数量的反应产物，从而缓解碱骨料反应膨胀压力。

（6）二类和三类环境中，设计使用年限为 100 年的混凝土结构，应采取专门有效措施。

三类工程除采取二类工程的措施外，要防止环境中盐碱渗入混凝土，应考虑采取混凝土隔离层的措施（如设防水层等），否则须使用 A 种非碱活性骨料配制混凝土。

三类环境中的结构构件，其受力钢筋宜采用环氧树脂涂层带肋钢筋；对预应力钢筋、锚具及连接器应采取专门防护措施。

（7）四类和五类环境中的混凝土结构，其耐久性要求应符合有关标准的规定。

三、混凝土配料

配料的关键是骨料、水泥、水、外加剂的配合比要准确。混凝土拌和必须按照试验部门签发并经审核的混凝土配料单进行配料，严禁擅自更改。混凝土组成材料的配料量均以重量计。DL/T 5144—2001《水工混凝土施工规范》规定，称量的允许偏差，不应超过表2-47的规定。

表2-47 混凝土材料称量的允许偏差

材 料 名 称	称量允许偏差/%
水泥、掺合料、水、冰、外加剂溶液	±1
骨料	±2

1. 骨料配置

简单的骨料配置可以人工用箩筐、手推车估量配置，精确的骨料配置应结合使用磅秤配料。人工配料劳动强度大，效率低，只适于小型工地；中型工地要求较高，多用轻轨斗车、机动翻斗车、带式运输机与磅秤或者电动杠杆秤联动的配料装置，这是一种半自动化的配料方式，操作简单方便，生产效率较高；大型重要工程配料要求精确度高，生产效率高，因此都要设置专门的全自动化配料系统。

2. 水泥

水泥有袋装和散装之分。袋装水泥一般直接以一袋为基准，加入一定的骨料和水。这种方法的优点是配料简单，但是配料比不准确，加入的水泥不是多就是少，往往会影响搅拌质量，在小型工程施工中采用较多。散装水泥一般用磅秤、电子秤称量水泥，配料比能够得到控制。

3. 水和外加剂

外加剂大都先根据剂量配比配成稀释溶液与水一起使用。在混凝土拌和机上，一般都设有虹吸式量水器，在水通过管道注入拌和机内时，实现自动量水。

四、混凝土拌制

混凝土的拌制（搅拌），就是将水、水泥和粗细骨料进行均匀拌和及混合的过程，同时通过搅拌，还要使材料达到强化、塑化的作用。

（一）常用混凝土搅拌机

1. 搅拌机分类

常用的混凝土搅拌机按其搅拌原理主要分为自落式搅拌机和强制式搅拌机两类。

（1）自落式搅拌机。这种搅拌机的搅拌鼓筒是垂直放置的。随着鼓筒的转动，混凝土拌和料在鼓筒内做自由落体式翻转搅拌，从而达到搅拌的目的。自落式搅拌机多用以搅拌塑性混凝土和低流动性混凝土。筒体和叶片磨损较小，易于清理，但动力消耗大、效率低。搅拌时间一般为90～120s/盘，其构造见图2-3～图2-5。

鉴于此类搅拌机对混凝土骨料有较大的磨损，从而影响混凝土质量，现已逐步被强制

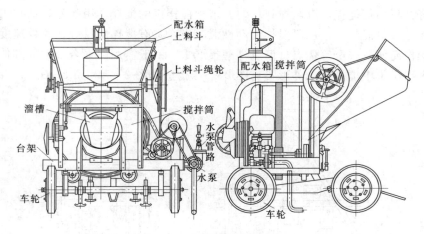

图 2-3　自落式搅拌机

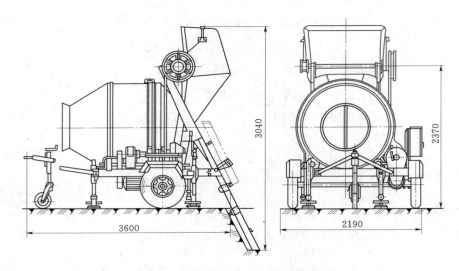

图 2-4　自落式锥形反转出料搅拌机（单位：mm）

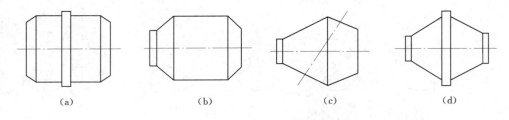

| (a) | (b) | (c) | (d) |

图 2-5　自落式搅拌机搅拌筒的几种形式

(a) 鼓筒式搅拌机；(b) 锥形反转出料搅拌机；(c) 单开口双锥形倾翻出料
搅拌机；(d) 双开口双锥形倾翻出料搅拌机

式搅拌机所取代。

　　（2）强制式搅拌机。强制式搅拌机的鼓筒筒内有若干组叶片，搅拌时叶片绕竖轴或卧轴旋转，将材料强行搅拌，直至搅拌均匀。这种搅拌机的搅拌作用强烈，适宜于搅拌干硬性混凝土和轻骨料混凝土，也可搅拌流动性混凝土，具有搅拌质量好、搅拌速度快、生产效率高、操作简便及安全等优点。但机件磨损严重，一般需用高强合金钢或其他耐磨材料做内衬，多用于集中搅拌站。外形参见图2-6，构造见图2-7和图2-8。

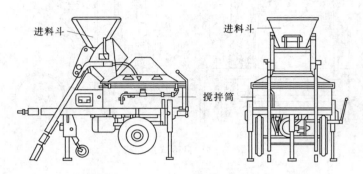

图2-6　涡桨式强制搅拌机

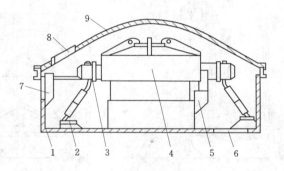

图2-7　涡桨式强制搅拌机构造图
1—搅拌盘；2—搅拌叶片；3—搅拌臂；4—转子；
5—内壁铲刮叶片；6—出料口；7—外壁铲
刮叶片；8—进料口；9—盖板

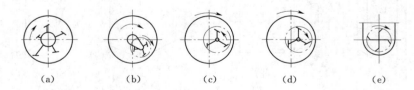

图2-8　强制式搅拌机的几种形式
(a) 涡桨式；(b) 搅拌盘固定的行星式；(c) 搅拌盘反向旋转的行星式；
(d) 搅拌盘同向旋转的行星式；(e) 单卧轴式

2. 搅拌机主要技术性能

常用混凝土搅拌机的主要技术性能见表2-48。

表2-48 常用混凝土搅拌机的主要技术性能

项目 \ 型号	J1—250 自落式	JGZR350 自落式	JZC350 双锥自落式	J1—400 自落式	J4—375 强制式	JD250 单卧轴强制式	JS350 双卧轴强制式	JD500 单卧轴强制式	TQ500 强制式	JW500 涡浆强制式	JW1000 涡浆强制式	S4S1000 双卧轴强制式
进料容量/L	250	560	560	400	375	400	560	800	800	800	1600	1600
出料容量/L	160	350	350	260	250	250	350	500	500	500	1000	1000
拌合时间/min	2	2	2	2	1.2	1.5	2	2	1.5	1.5~2	1.5~3	3
平均搅拌能力/(m³·h⁻¹)	3~5		12~14	6~12	12.5	12.5	17.5~21	25.3	20	20	20	60
拌筒尺寸（直径×长）/(mm×mm)	1218×960	1447×1096	1560×1890	1447×1178	1700×500				2040×650	2042×646	3000×830	
拌筒转速/(r·min⁻¹)	18	17.4	14.5	18		30	35	26	28.5	28	20	36
电动机功率/kW	5.5	5.5	5.5	7.5	10	11	15	5.5	30	30	55	
电动机转速/(r·min⁻¹)	1440	1440	1440	1450	1450	1460				980		
配水箱容量/L	40			65					2020			
外形尺寸/mm 长	2280	3500	3100	3700	4000	4340	4340	4580	2375	6150	3900	3852
外形尺寸/mm 宽	2200	2600	2190	2800	1865	2850	2570	2700	2138	2950	3120	2385
外形尺寸/mm 高	2400	3000	3040	3000	3120	4000	4070	4570	1650	4300	1800	2465
整机重量/kg	1500	3200	2000	3500	2200	3300	3540	4200	3700	5185	7000	6500

注 估算搅拌机的产量，一般以出料系数表示，其数值为0.55~0.72，通常取0.66。

3. 搅拌机使用注意事项

1) 安装。搅拌机应设置在平坦的位置，用方木垫起前后轮轴，使轮胎搁高架空，以免在开动时发生走动。固定式搅拌机要装在固定的机座或底架上。

2) 检查。电源接通后，必须仔细检查，经 2～3min 空车试转认为合格后，方可使用。试运转时应校验拌筒转速是否合适，一般情况下，空车速度比重车（装料后）稍快 2～3r/min，如相差较多，应调整动轮与传动轮的比例。拌筒的旋转方向应符合箭头指示方向，如不符时，应更正电机接线。检查传动离合器和制动器是否灵活可靠，钢丝绳有无损坏，轨道滑轮是否良好，周围有无障碍及各部位的润滑情况等。

3) 保护。电动机应装设外壳或采用其他保护措施，防止水分和潮气浸入而损坏。电动机必须安装启动开关，速度由缓变快。开机后，经常注意搅拌机各部件的运转是否正常。停机时，经常检查搅拌机叶片是否打弯，螺丝有否打落或松动。当混凝土搅拌完毕或预计停歇 1h 以上时，除将余料出净外，应用石子和清水倒入拌筒内，开机转动 5～10min，把粘在料筒上的砂浆冲洗干净后全部卸出。料筒内不得有积水，以免料筒和叶片生锈。同时还应清理搅拌筒外积灰，使机械保持清洁完好。下班后及停机不用时，将电动机保险丝取下，以策安全。

（二）现场混凝土搅拌站

现场搅拌站必须考虑工程任务大小、施工现场条件、机具设备等情况，因地制宜设置。一般宜采用流动性组合方式，使所有机械设备采取装配连接结构，基本能做到拆装、搬运方便，有利于建筑工地转移。搅拌站的设计尽量做到自动上料、自动称量、机动出料和集中操纵控制，有相应的环境保护措施，使搅拌站后台上料作业走向机械化、自动化生产。

1. 生产工艺流程

现场混凝土搅拌站生产工艺流程，见图 2-9。

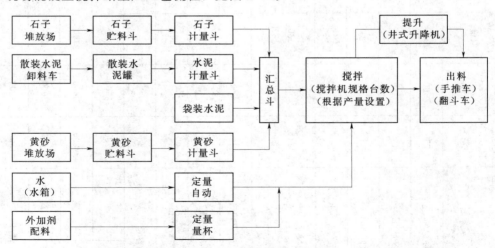

图 2-9 现场混凝土搅拌站生产工艺流程示意图

2. 主要设备组成

（1）装运提升部分。

1）砂石。砂石提运机具的选用，见表 2-49。

表 2-49 　　　　　　　　　　　　　　砂石提运机具选用参考表

项　目	适应范围与说明
拉铲	场地宽敞时，砂石堆放部位两旁用挡板构成扇形平面，底部做成斜坡，砂石的铲运采用索式拉铲，通过卷扬系统带动拉铲，把砂石材料输送到贮料斗。拉铲容量 0.3～0.4m³
抓斗	场地狭小时，上料采用桥吊或龙门吊抓斗将砂石材料送至贮料斗或料仓。抓斗容量 0.7m³
皮带运输机	场地宽敞时，砂石也可以用多节皮带运输机连续输送到贮料斗
铲车、转载机	当搅拌站平面布置受限制时，宜选用铲车或转载机将砂、石装上轻便翻斗车作短距离运输，运至提升斗提升倒入贮料斗，如有效高度足够时，则由铲车或装载机直接将料送进贮料斗

2）水泥。使用散装水泥时，由散装水泥专用车运至工地，用自动气泵或空压机将水泥吹入水泥罐（仓）内。小型工地亦可将散装水泥倒入设置在地面下的金属贮料柜或储放在简易砖砌水泥箱内，用链斗式或螺旋式提升器提升到计量斗。袋装水泥仍用人工装运堆放。

（2）贮存部分。

1）砂石贮料斗。宜分别架立，贮

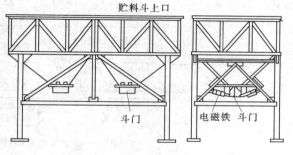

图 2-10　砂石贮料斗

料斗容积一般在 3.6m³ 左右，贮料斗应做成三面带斜坡的漏斗式，其斜度木制的不小于 55°，金属制不小于 50°，料斗转角处应适当做成圆弧形，以利砂、石尽快自由落入计量斗（见图 2-10）。斗门采用合页开闭装置。砂贮料斗宜考虑加装小型振动设备，以解决由于砂含水量大而可能经常发生的下料困难。

2）水泥贮罐。宜架设在搅拌机的上部，有利于垂直下料至水泥计量斗，否则应在水泥贮罐出口设置水平螺旋输送管（见图 2-11），并通过行程开关控制。水泥贮罐采用倒圆锥形大罐，容量一般宜为 20～30t，锥形斗部分应做成 60°夹角。为使水泥能不断松动并通畅落入螺旋管孔道内，宜在锥斗侧部安装搅动设备。

（3）计量装置。利用杠杆原理进行计量。杠杆一端为称量斗，另一端为平衡箱，平衡箱内的配重随称量值要求而定。当进料达到设计数量时，秤杆上升碰到行程开关即切断电源，同时关闭贮料斗门。砂、石、水泥分别计量，达到计量准确。

（4）搅拌部分。搅拌机的规格和数量，可根据混凝土计划产量和进度要求，并结合设备条件的可能来确定，按搅拌站平面布置设置 1 台或数台，排成为一列式和放射式。

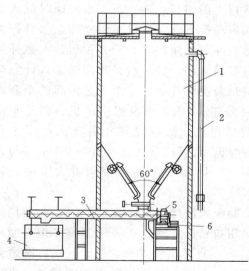

图 2-11　水泥贮罐
1—散装水泥工艺罐（水泥贮罐）；2—进灰管；3—螺旋输送管；4—配室料斗；5—减速器；6—电机

为了充分发挥搅拌机效能，可采用双阶式工艺流程，即在出料口下设混凝土贮料斗。搅拌机上料斗沿轨道下滑，可用碰撞方法使计量斗门或汇总斗门自动打开，砂、石、水泥同时进入上料斗内。

3. 搅拌站实例

（1）移动式搅拌站。此类搅拌站主要特点是：搬迁方便，占地面积较小，制作简便，不需专用设备，基本上适合于一般中小型施工现场。搅拌站后台的场地要求不高，适应性强，砂石分散或集中堆放均不影响后台装置的使用，全部后台上料使用一般通用机械即可，如装载机、轻便翻斗车等，还有一机多用的优点。提升架、砂石贮料斗、水泥罐等设备按一般卡车尺寸设计，转移搬运时可整体装车和折叠拆装或分段拆装运输。

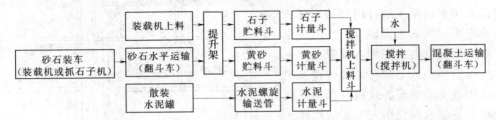

图 2-12 移动式搅拌站工艺流程图

图 2-12 为移动式搅拌站工艺流程图。装载机将砂、石装入翻斗车内，经短途运输倒入提升斗，用轻便卷扬机提升倒进贮料斗漏到计量斗内，待达到一定重量后，计量斗的秤杆抬起接触到行程开关，电磁铁断电，贮料斗门利用弹簧回缩力（或气动开关阀）自行关闭，砂、石、水泥分别都装有这种控制设备。当三种材料全达到规定重量后，搅拌机料斗下落碰撞 3 个计量斗门上的斜杆，砂、石、水泥同时流入上料斗内。料斗提升时，计量斗门立即全部自行关闭。当计量斗门关闭接触行程开关后，电磁开关重新打开贮料斗门，砂、石、水泥又进入计量斗内。如此反复循环作业。整个工艺流程的全套机械装置只需 3~4 人，即搅拌机司机、翻斗车司机、装载机司机、操纵提料斗各 1 人，用 1 台 400L 搅拌机，台班产量可达到 40~50m³。与人工上料对比，提高工效 3~4 倍，并大大减轻体力劳动。

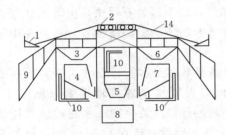

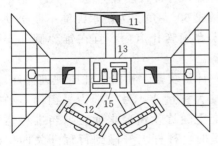

图 2-13 装配式搅拌站示意图

1—拉铲；2—卷扬机；3—石贮料斗；4—石称量斗；5—水泥称量斗；6—砂贮料斗；7—砂称量斗；8—搅拌机料斗；9—支架及挡板；10—磅秤；11—水泥贮料斗；12—搅拌机；13—螺旋输送器和斗式提升机；14—钢丝绳；15—集料槽

（2）装配式搅拌站（见图 2-13）。此类搅拌站上料采用拉铲。其特点是采用型钢和钢板制成的装配结构，装拆比较方便，便于转运，既适用于施工现场，也适合于固定的集中搅拌站，供应一定范围内的零星分散工地所需要的混凝土。砂、石、水泥都能自动控制称量，自动下料，组

48

成一条联动线。操作简便，称量准确。本装置设有水泥贮存箱和螺旋输送器，散装和包装水泥均可使用。其不足之处是砂、石堆放还需要辅以推土机送料。砂石材料由拉铲拉至贮料斗内，散装水泥从贮料仓通过螺旋输送器和简易斗式提升机运送到上贮料斗内。由贮料斗到计量斗到搅拌机的过程和设施同前。这套联动线可同时供 2 台 400L 混凝土搅拌机使用，全部操作人员只需 5～6 人，每台班搅拌 80～100m³ 混凝土，可满足一般现场需要。

（3）简易移动式搅拌站（见图 2－14）。此搅拌站由 400L 自落式搅拌机 1 台、2.5m³ 砂、石贮料斗各 1 台、光电控制磅秤 2 台、电器操纵箱 1 只、0.5m³ 液压铲车 1 台等组成。具有占地面积小、投资少、上马快、转移灵活等优点，适用于工程分散、工期短、混凝土量不大的施工现场。

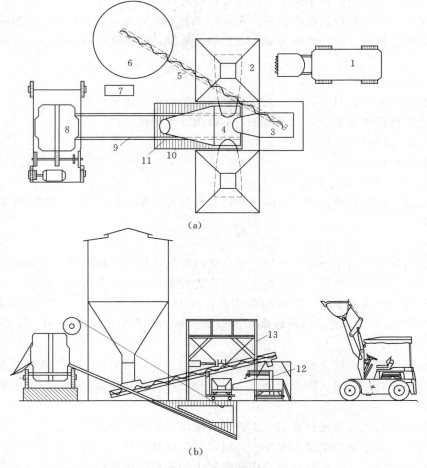

（a）

（b）

图 2－14　简易移动式搅拌站示意图

（a）俯视图；（b）侧视图

1—铲车；2—骨料斗；3—水泥称料斗；4—集料斗；5—螺旋输送机；
6—水泥筒仓；7—操纵台；8—搅拌机；9—导轨；10—地坑；
11—地下导轨；12—磅秤；13—料斗架

液压斗式铲车轮流向砂、石贮料斗供料，贮料斗门下设有计量斗，安装在光电控制的磅秤上，当计量斗进入规定数量的砂、石材料时，由光电控制自动切断贮料斗门磁铁开关，使斗门关闭。当搅拌机料斗下滑时带动砂石计量斗的钢丝绳，砂石就自动倾入料斗。料斗提升，砂石计量斗即恢复原状，重新开始进料、过磅、下料，由此往复实现自动化作业。全套联动线只需 3 人操作，即搅拌机、铲车及供应包装水泥各 1 人，台班产量为 40m³。如在砂、石贮料斗之间增设散装水泥罐，还可减去后台供应包装水泥的运拆人员。

（三）混凝土搅拌施工要点

1. 搅拌要求

搅拌混凝土前，加水空转数分钟，将积水倒净，使拌筒充分润湿。搅拌第一盘时，考虑到筒壁上的砂浆损失，石子用量应按配和比规定减半。

搅拌好的混凝土要做到基本卸尽。在全部混凝土卸出之前不得再投入拌和料，更不得采取边出料边进料的方法。严格控制水灰比和坍落度，未经试验人员同意不得随意加减用水量。

2. 材料配合比

严格掌握混凝土材料配合比。在搅拌机旁挂牌公布，便于检查。

混凝土原材料按重量计的允许偏差，不得超过下列规定：

1）水泥、外加掺合料±2％。

2）粗细骨料±3％。

3）水、外加剂溶液±2％。

各种衡器应定时校验，并经常保持准确。骨料含水率应经常测定。雨天施工时，应增加测定次数。

3. 搅拌

搅拌装料顺序为石子→水泥→砂。每盘装料数量不得超过搅拌筒标准容量的 10％。

在每次用搅拌机拌和第一罐混凝土前，应先开动搅拌机空车运转，运转正常后，再加料搅拌。拌第一罐混凝土时，宜按配合比多加入 10％的水泥、水、细骨料的用量；或减少 10％的粗骨料用量，使富裕的砂浆布满鼓筒内壁及搅拌叶片，防止第一罐混凝土拌和物中的砂浆偏少。

在每次用搅拌机开拌之始，应注意监视与检测开拌初始的前二、三罐混凝土拌和物的和易性。如不符合要求时，应立即分析情况并处理，直至拌和物的和易性符合要求，方可持续生产。

当开始按新的配和比进行拌制或原材料有变化时，亦应注意开拌鉴定与检测工作。

搅拌时间：从原料全部投入搅拌机筒时起，至混凝土拌和料开始卸出时止，所经历的时间称作搅拌时间。通过充分搅拌，应使混凝土的各种组成材料混合均匀，颜色一致；高强度等级混凝土、干硬性混凝土更应严格执行。搅拌时间随搅拌机的类型及混凝土拌和料和易性的不同而异。在生产中，应根据混凝土拌和料要求的均匀性、混凝土强度增长的效果及生产效率几种因素，规定合适的搅拌时间。但混凝土搅拌的最短时间，应符合表 2-50 规定。

表 2 - 50　　　　　　　　　　混凝土搅拌的最短时间　　　　　　　　　　单位：s

混凝土坍落度/mm	搅拌机类型	搅拌机容积/L		
		<250	250~500	>500
≤30	自落式	90	120	150
	强制式	60	90	120
>30	自落式	90	90	120
	强制式	60	60	90

注　掺有外加剂时，搅拌时间应适当延长。

在拌和掺有掺合料（如粉煤灰等）的混凝土时，宜先以部分水、水泥及掺合料在机内拌和后，再加入砂、石及剩余水，并适当延长拌和时间。

使用外加剂时，应注意检查核对外加剂品名、生产厂名、牌号等。使用时一般宜先将外加剂制成外加剂溶液，并预加入拌用水中，当采用粉状外加剂时，也可采用定量小包装外加剂另加载体的掺用方式。当用外加剂溶液时，应经常检查外加剂溶液的浓度，并应经常搅拌外加剂溶液，使溶液浓度均匀一致，防止沉淀。溶液中的水量，应包括在拌和用水量内。

混凝土用量不大，而又缺乏机械设备时，可用人工拌制。拌制一般应用铁板或包有白铁皮的木拌板上进行操作，如用木制拌板时，宜将表面刨光，镶拼严密，使不漏浆。拌和要先干拌均匀，再按规定用水量随加水随湿拌至颜色一致，达到石子与水泥浆无分离现象为准。当水灰比不变时，人工拌制要比机械搅拌多耗 10％～15％的水泥。

雨期施工期间要勤测粗细骨料的含水量，随时调整用水量和粗细骨料的用量。夏期施工时砂石材料尽可能加以遮盖，至少在使用前不受烈日曝晒，必要时可采用冷水淋洒，使其蒸发散热。冬期施工要防止砂石材料表面冻结，并应清除冰块。

4. 质量要求

在搅拌工序中，拌制的混凝土拌和物的均匀性应按要求进行检查。在检查混凝土均匀性时，应在搅拌机卸料过程中，从卸料流出的 1/4～3/4 之间部位采取试样。检测结果应符合下列规定：

1）混凝土中砂浆密度，两次测值的相对误差不应大于 0.8％。

2）单位体积混凝土中粗骨料含量，两次测值的相对误差不应大于 5％。

混凝土搅拌的最短时间应符合表 2 - 50 的规定，混凝土的搅拌时间，每一工作班至少应抽查 2 次。

混凝土搅拌完毕后，应按下列要求检测混凝土拌和物的各项性能：

1）混凝土拌和物的稠度，应在搅拌地点和浇筑地点分别取样检测。每工作班不应少于 1 次。评定时应以浇筑地点的为准。在检测坍落度时，还应观察混凝土拌和物的黏聚性和保水性，全面评定拌和物的和易性。

2）根据需要，如果应检查混凝土拌和物的其他质量指标时，检测结果也应符合各自的要求，如含气量、水灰比和水泥含量等。

五、混凝土运输

（一）水平运输设备

1. 手推车

手推车是施工工地上普遍使用的水平运输工具，手推车具有小巧、轻便等特点，不但适用于一般的地面水平运输，还能在脚手架、施工栈道上使用；也可与塔吊、井、架等配合使用，解决垂直运输。

2. 机动翻斗车

系用柴油机装配而成的翻斗车，功率 7355W，最大行驶速度达 35km/h。车前装有容量为 400L、载重 1000kg 的翻斗。具有轻便灵活、结构简单、转弯半径小、速度快、能自动卸料、操作维护简便等特点。适用于短距离水平运输混凝土以及砂、石等散装材料，见图 2-15。

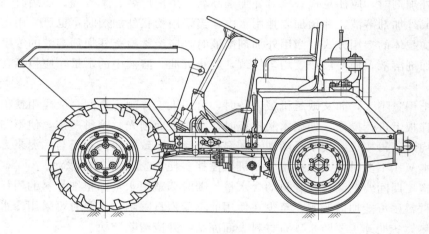

图 2-15　机动翻斗车

3. 混凝土搅拌输送车

混凝土搅拌输送车是一种用于长距离输送混凝土的高效能机械，它是将运送混凝土的搅拌筒安装在汽车底盘上，而以混凝土搅拌站生产的混凝土拌和物灌装入搅拌筒内，直接运至施工现场，供浇筑作业需要。在运输途中，混凝土搅拌筒始终在不停地慢速转动，从而使筒内的混凝土拌和物可连续得到搅动，以保证混凝土通过长途运输后，仍不致产生离析现象。在运输距离很长时，也可将混凝土干料装入筒内，在运输途中加水搅拌，这样能减少由于长途运输而引起的混凝土坍落度损失。

目前常用的混凝土搅拌车及其性能见表 2-51 和图 2-16~图 2-18。

使用混凝土搅拌输送车必须注意的事项：

1）混凝土必须在最短的时间内均匀无离析地排出，出料干净、方便，能满足施工的要求，如与混凝土泵联合输送时，其排料速度应能相匹配。

2）从搅拌输送车运卸的混凝土中，分别取 1/4 和 3/4 处试样进行坍落度试验，两个试样的坍落度值之差不得超过 3cm。

表2—51

混凝土搅拌输送车技术参数参考表

型号 项目	JC—2	JBC—1.5C	JBC—1.5E	JBC—3T	MR45	MR45—T	MR60—S	TY—3000	TATRA	FV112 JML
拌筒容积/m³	5.7				8.9	8.9		5.7	10.25	8.9
搅动能力/m³	2	1.5	1.5	3~4.5	6	6	8	5	4.5	5
最大搅拌能力/m³					4.5	4.5	6			
拌筒尺寸（直径×长）/(mm×mm)								2020×2813		2100×3610
拌筒转速/(r·min⁻¹) 运行搅拌	2~4	2~4	2~4	2~3	2~4	2~5		2~4	3~5	8~12
拌筒转速/(r·min⁻¹) 进出料搅拌		6~12	8~14	8~12	8~12	8~12		6~12		10~14
卸料时间/min	1~2	1.3~2	1.1~2	3~5	3~5	3~5	3~6			2~5
最大行驶速度/(km·h⁻¹)		70			86		96		60	91
最小转弯半径/m		9					7.8			7.2
爬坡能力/(°)		20					26			26
外形尺寸/mm 长	7400				7780	8615	8465	7440	8400	7900
外形尺寸/mm 宽	2400				2490	2500	2480	2400	2500	2490
外形尺寸/mm 高	3400				3730	3785	3940	3400	3500	3550
重量/t	12.55				24.64	14.4	19.2	9.5	22	9.8
产地	上海华东建筑机械厂	一冶机械修配厂	一冶机械修配厂	一冶机械修配厂	上海华东建筑机械厂	上海华东建筑机械厂	上海华东建筑机械厂			日本三菱

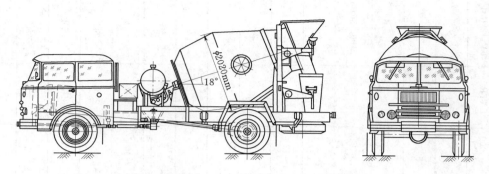

图 2-16　国产 JC—2 型混凝土搅拌输送车

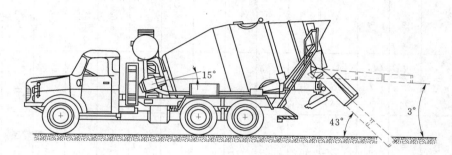

图 2-17　TATRA 混凝土搅拌输送车

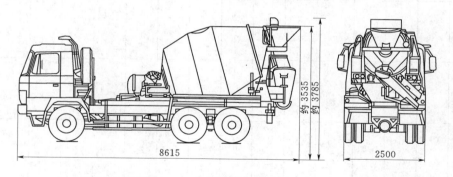

图 2-18　MR45—T 型混凝土搅拌输送车（单位：mm）

3）混凝土搅拌输送车在运送混凝土时，通常的搅动转速为 2～4r/min 整个输送过程中拌筒的总转数应控制在 300 转以内。

4）若混凝土搅拌输送车采用干料自行搅拌混凝土时，搅拌速度一般应为 6～18r/min；搅拌应从混合料和水加入搅筒起，直至搅拌结束转数应控制在 70～100 转。

（二）垂直运输设备

1．井架

主要用于高层建筑混凝土灌筑时的垂直运输机械，由井架、台灵拔杆、卷扬机、吊盘、自动倾卸吊斗及钢丝缆风绳等组成，具有一机多用、构造简单、装拆方便等优点。起重高度一般为 25～40m，见图 2-19。

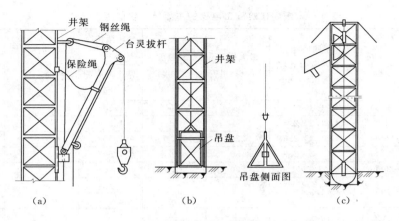

图 2-19　井架运输机

(a) 井架台灵拔杆；(b) 井架吊盘；(c) 井架吊斗

2. 混凝土提升机

混凝土提升机是供快速输送大量混凝土的垂直提升设备。它是由钢井架、混凝土提升斗、高速卷扬机等组成，其提升速度可达 50～100m/min。当混凝土提升到施工楼层后，卸入楼面受料斗，再采用其他楼面水平运输工具（如手推车等）运送到施工部位浇筑。一般每台容量为 $2×0.5m^3$ 的双斗提升机，当其提升速度为 75m/min，最高高度达 120m 时，混凝土输送能力可达 $20m^3/h$。因此对于混凝土浇筑量较大的工程，特别是高层建筑来说，是很经济适用的混凝土垂直运输机具。

3. 施工电梯

按施工电梯的驱动形式，可分为钢索牵引、齿轮齿条曳引和星轮滚道曳引 3 种形式。其中钢索曳引的是早期产品，已很少使用。目前国内外大部分采用的是齿轮齿条曳引的形式，星轮滚道是最新发展起来的，传动形式先进，但目前其载重能力较小。

按施工电梯的动力装置又可分为电动和电动-液压两种。电力驱动的施工电梯，工作速度约 40m/min，而电动-液压驱动的施工电梯其工作速度可达 96m/min。

施工电梯的主要部件有基础、立柱导轨井架、带有底笼的平面主框架、梯笼和附墙支撑组成。

其主要特点是用途广泛、适应性强，安全可靠，运输速度高，提升高度最高可达 150～200m 以上（见图 2-20）。国内建筑施工电梯的主要技术性能参见表 2-52。

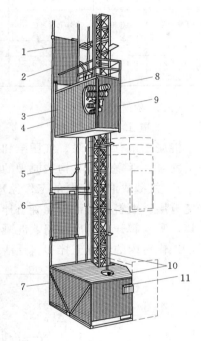

图 2-20　建筑施工电梯

1—附墙支撑；2—自装起重机；3—限速器；
4—梯笼；5—立柱导轨架；6—楼层门；
7—底笼及平面主框架；8—驱动机构；
9—电气箱；10—电缆及电缆箱；
11—地面电气控制箱

表 2-52　　　　　　　　　国内建筑施工电梯的主要技术性能表

型号	载重量 /kg	轿厢尺寸（长×宽×高）/（mm×mm×mm）	最大提升高度/m	行驶速度/（m·min⁻¹）	导轨架长度 /m ——— 导轨架重量 /kg	基本部件重量（笼）/kg	对重 /kg	产地
ST100/1t	1000	3×1.3×2.6	100	36	1.508		2000	上海
ST50/0.7t	700	3×1.3×2.5	50	28	1.508			上海
ST200/2t	2000	3×1.3×2.6	220	31.6	1.508		2000	上海
ST150/2t	2000	3×1.3×2.9	150	36	1.508		1100	上海
ST220/2t	2000	3.9×1.2×1.65	220	31.6	1.508		2400	上海
JTZC	1000	3×1.3×2.7	150	36.5	$\frac{1.508}{172}$	234	1383	上海
SC100	1000	3×1.3×2.7	100	34.2	$\frac{1.508}{117}$	1800	1700	北京
SC200	2000	3×1.3×2.7	100	40	$\frac{1.508}{117}$	1950	1700	北京
JTV—1	1000	3×1.3×2.6	100	37	$\frac{1.508}{205}$	2075	2840	南京
SC100	1000	3×1.3×2.7	100	39	1.508			四川
SC160	1600	3×1.3×2.7	150	40	1.508			四川
SF1200	1200/2400	3×1.3×2.7	100/70	35	1.508			山东

（三）泵送设备及管道

1. 混凝土泵构造原理

混凝土泵有活塞泵、气压泵和挤压泵等几种不同的构造和输送形式，目前应用较多的是活塞泵。活塞泵按其构造原理的不同，又可以分为机械式和液压式两种。

1）机械式混凝土泵的工作原理，见图 2-21，进入料斗的混凝土，经拌和器搅拌可避免分层。喂料器可帮助混凝土拌和料由料斗迅速通过吸入阀进入工作室。吸入时，活塞左移，吸入阀开，压出阀闭，混凝土吸入工作室；压出时，活塞右移，吸入阀闭，压出阀开，工作室内的混凝土拌和料受活塞挤出，进入导管。

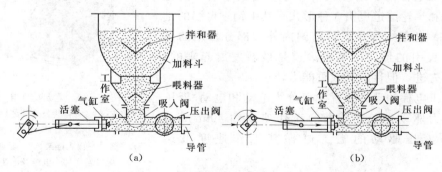

图 2-21　机械式混凝土泵工作原理
（a）吸入冲程；（b）压出冲程

2）液压活塞泵，是一种较为先进的混凝土泵。其工作原理见图 2-22。当混凝土泵工作时，搅拌好的混凝土拌和料装入料斗，吸入端片阀移开，排出端片阀关闭，活塞在液压作用下，带动活塞左移，混凝土混合料在自重及真空吸力作用下，进入混凝土缸内。然后，液压系统中压力油的进出方向相反，活塞右移，同时吸入端片阀关闭，压出端片阀移开，混凝土被压入管道，输送到浇筑地点。由于混凝土泵的出料是一种脉冲式的，所以一般混凝土泵都有两套缸体左右并列，交替出料，通过Y形导管，送入同一管道，使出料稳定。

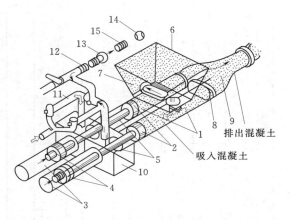

图 2-22 液压活塞式混凝土泵工作原理
1—混凝土缸；2—推送混凝土的活塞；3—液压卸；4—液压活塞；5—活塞杆；6—料斗；7—吸入阀门；8—排出阀门；9—Y形管；10—水箱；11—水洗装置换向阀；12—水洗用高压软管；13—水洗用法兰；14—海绵球；15—清洗活塞

2. 混凝土汽车泵或移动泵车

将液压活塞式混凝土泵固定安装在汽车底盘上，使用时开至需要施工的地点，进行混凝土泵送作业，称为混凝土汽车泵或移动泵车。一般情况下，此种泵车都附带装有全回转三段折叠臂架式的布料杆。整个泵车主要由混凝土推送机构、分配闸阀机构、料斗搅拌装置、悬臂布料装置、操作系统、清洗系统、传动系统、汽车底盘等部分组成，见图2-23。这种泵车使用方便，适用范围广，它既可以利用在工地配置装接的管道输送到较远、较高的混凝土浇筑部位，也可以发挥随车附带的布料杆的作用，把混凝土直接输送到需要浇筑的地点。

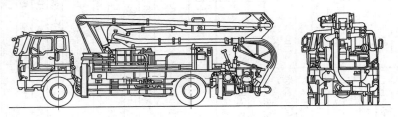

图 2-23 混凝土汽车泵

施工时，现场规划要合理布置混凝土泵车的安放位置。一般混凝土泵应尽量靠近浇筑地点，并要满足两台混凝土搅拌输送车能同时就位的条件，使混凝土泵能不间断地得到混凝土供应，进行连续压送，以充分发挥混凝土泵的有效能力。

混凝土泵车的输送能力一般为80m³/h；在水平输送距离为520m和垂直输送高度为110m时，输送能力为30m³/h。混凝土汽车输送泵参考表，见表2-53。

3. 固定式混凝土泵

固定式混凝土泵使用时，需用汽车将它拖带至施工地点，然后进行混凝土输送。这种形式的混凝土泵主要由混凝土推送机构、分配闸机构、料斗搅拌装置、操作系统、清洗系统等组成。它具有输送能力大、输送高度高等特点，一般最大水平输送距离为250～600m，最大垂直输送高度为150m，输送能力为60m³/h左右，适用于高层建筑的混凝土输送，见图2-24。混凝土固定泵技术性能见表2-54。

表 2－53　混凝土汽车输送泵参考表

项次	项目	IPF—185B	DC—S115B	IPF—75B	PTF—75B2	A800B	NCP—9F8	BRF'28.09	BRF'36.09
1	形式	360°回转三级Z型	360°回转三级回折型	360°回转三级Z型	360°回转三级Z型	360°回转三级回折型	360°回转三级回折型	360°回转三级Z型	360°回转四级重叠型
2	最大输送量/(m³·h⁻¹)	10~25	70	10~75	75	80	57	90	90
3	最大输送距离(水平/垂直)/m	520/110	420/100	410/80	410/80	650/125	1000/150		
4	粗骨料最大尺寸/mm	40	40	30(砾石40)	40	40	40	40	40
5	常用泵送压力/MPa	4.71		3.87		13~18.5	20	7.5	7.5
6	混凝土坍落度允许范围/cm	5~23	5~23	5~23	5~23	5~23	5~23	5~23	5~23
7	布料杆工作半径/m	17.4	15.8	16.5	16.5	17.5		23.7	32.1
8	布料杆离地高度/m	20.7	19.3	19.8	19.8	20.7		27.4	35.7
9	外形尺寸(长×宽×高)/(mm×mm×mm)	9000×2485×3280	8840×4900×3400	9470×2450×3230				10910×7200×3850	10305×8500×3960
10	重量/t	15	15	15.46	15.43	15.5	15~53	19	25
11	产地	湖北建筑机械厂	日本三菱	日本石川岛	日本石川岛	日本三菱重工	日本新鸿铁工所	德国普茨玛斯特	德国普茨玛斯特

表 2－54　混凝土固定泵技术性能

项目 型号	HJ—TSB9014	BSA2100HD	BSA140BD	PTF—650	ELBA—B5516E	DC—A800B
形式	卧式单动	卧式单动	卧式单动	卧式单动	卧式单动	卧式单动
最大液压泵压力/MPa	80	28	32	21~10	20	13~18.5
输送能力/(m³·h⁻¹)	70/110	97~150	85	4~60	10~45	15~80
理论输送压力/MPa		80~130	65~97	36	93	44
骨料最大粒径/mm		40	40	40	40	40
水平、垂直输送距离/m		50~230	50~230	350/80	100/130	440/125
混凝土坍落度/mm	200, 1400	200, 2100	200, 1400	180, 1150	160, 1500	205, 1500
缸径、冲程长度/mm	双缸活塞式	双缸活塞式	双缸活塞式	双缸活塞式	双缸活塞式	双缸活塞式
缸数						
加料斗容量/m³	0.5	0.9	0.49	0.3	0.475	0.35
动力[功率(hP)/转速(r·min⁻¹)]		130/2300	118/2300	55/2600	75/2960	170/2000
活塞冲程次数/(次·min⁻¹)		19.35	31.6		33	
重量/kg	5250	5600	3400	6500	4420	15500
产地	上海华东建筑机械厂	德国普茨玛斯特	德国普茨玛斯特	日本石川岛	德国爱尔巴	日本三菱

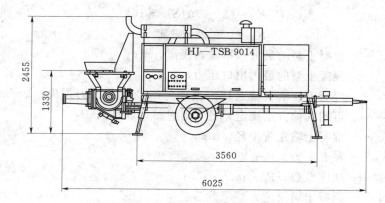

图 2 - 24 固定式混凝土泵（尺寸单位：mm）

4. 混凝土泵的选择

（1）混凝土输送管的水平长度的确定。在选择混凝土泵和计算泵送能力时，通常是将混凝土输送管的各种工作状态换算成水平长度，换算长度可按表 2 - 55 换算。

表 2 - 55　　　　　　　　　　　　混凝土输送管的水平换算长度

类　别	单　位	规　格（直径 ϕ）	水平换算长度/m
向上垂直管	每米	100mm	3
		125mm	4
		150mm	5
锥形管	每根或每个	175～150mm	4
		150～125mm	8
		125～100mm	16
弯管	每根或每个	$90°R=0.5\text{m}^{-1}$	12
		$R=1\text{m}^{-1}$	9
软管	5～8m 长的 1 根		20

注　1. R 为曲率半径。

2. 弯管的弯曲角度小于 90°时，需将表列数值乘以该角度与 90°角的比值。

3. 向下垂直管，其水平换算长度等于其自身长度。

4. 斜向配管时，根据其水平及垂直投影长度，分别按水平、垂直配管计算。

（2）混凝土泵的最大水平输送距离。混凝土泵的最大水平输送距离可以参照产品的性能表（曲线）确定，必要时可以由试验确定，也可以根据计算确定。

根据混凝土泵的最大出口压力、配管情况、混凝土性能指标和输出量，按下列公式进行计算：

$$L_{\max}=P_{\max}/\Delta P_H \qquad (2-20)$$

$$\Delta P_H=\frac{2}{r_0}\left[K_1+K_2\left(1+\frac{t_2}{t_1}\right)v_2\right]\alpha_2 \qquad (2-21)$$

$$K_1 = (3 - 0.01 S_1) \times 10^2 \qquad (2-22)$$
$$K_2 = (4 - 0.01 S_1) \times 10^2 \qquad (2-23)$$

以上式中 L_{max}——混凝土泵的最大水平输送距离，m；

        P_{max}——混凝土泵的最大出口压力，Pa；

        ΔP_H——混凝土在水平输送管内流动每米产生的压力损失，Pa/m（ΔP_H 值也可用其他方法确定，且宜通过试验验证）；

        r_0——混凝土输送管半径，m；

        K_1——黏着系数，Pa；

        K_2——速度系数，$Pa \cdot m^{-1} \cdot s^{-1}$；

        S_1——混凝土坍落度；

        t_2 / t_1——混凝土泵分配阀切换时间与活塞推压混凝土时间之比，一般取 0.3；

        v_2——混凝土拌和物在输送管内的平均流速，m/s；

        α_2——径向压力与轴向压力之比，对普通混凝土取 0.9。

（3）混凝土泵的泵送能力验算。根据具体的施工情况和有关计算应符合下列要求：

1）混凝土输送管道的配管整体水平换算长度，应不超过计算所得的最大水平泵送距离。

2）按表 2-56 和表 2-57 换算的总压力损失，应小于混凝土泵正常工作的最大出口压力。

表 2-56   混凝土泵送的换算总压力损失

管 件 名 称	换 算 量	换算压力损失/MPa
水平管	每 20	0.1
垂直管	每 5	0.1
45°弯管	每只	0.05
90°弯管	每只	0.1
管道接环（管卡）	每只	0.1
管路逆止阀	每个	0.8
3.5m 橡皮软管	每根	0.2

表 2-57   附属于泵体的换算压力损失

部 位 名 称	换 算 量	换算压力损失/MPa
Y 形管 $\phi 175 \sim 125mm$	每只	0.05
分配阀	每个	0.08
混凝土泵启动内耗	每台	2.8

（4）混凝土泵的台数。根据混凝土浇筑的数量和混凝土泵单机的实际平均输出量和施工作业时间，按下式计算

$$N_2 = \frac{Q}{Q_1} T_0 \qquad (2-24)$$

式中 N_2——混凝土泵数量，台；

       Q——混凝土浇筑数量，m^3；

Q_1——每台混凝土泵的实际平均输出量，m^3/h；

T_0——混凝土泵送施工作业时间，h。

重要工程的混凝土泵送施工，混凝土泵的所需台数，除根据计算确定外，宜有一定的备用台数。

5. 混凝土泵的布置要求

在泵送混凝土的施工中，混凝土泵和泵车的停放布置是一个关键，这不仅影响输送管的配置，同时也影响到泵送混凝土的施工能否按质按量地完成，必须着重考虑。因此，混凝土泵车的布置应考虑下列条件：

1）混凝土泵设置处，应场地平整、坚实，具有重车行走条件。

2）混凝土泵应尽可能靠近浇筑地点。在使用布料杆工作时，应使浇筑部位尽可能地在布料杆的工作范围内，尽量少移动泵车即能完成浇筑。

3）多台混凝土泵或泵车同时浇筑时，选定的位置要使其各自承担的浇筑最接近，最好能同时浇筑完毕，避免留置施工缝。

4）混凝土泵或泵车布置停放的地点要有足够的场地，以保证混凝土搅拌输送车的供料、调车的方便。

5）为便于混凝土泵或泵车，以及搅拌输送车的清洗，其停放位置应接近排水设施并且供水、供电方便。

6）在混凝土泵的作业范围内，不得有阻碍物、高压电线，同时要有防范高空坠物的措施。

7）当在施工高层建筑或高耸构筑物采用接力泵泵送混凝土时，接力泵的设置位置应使上、下泵的输送能力匹配。设置接力泵的楼面或其他结构部位，应验算其结构所能承受的荷载，必要时应采取加固措施。

8）混凝土泵的转移运输时要注意安全要求，应符合产品说明及有关标准的规定。

6. 混凝土输送管道

混凝土输送管包括直管、弯管、锥形管、软管、管接头和逆止阀。对输送管道的要求是阻力小、耐磨损、自重轻、易装拆。

1）直管：常用的管径有100mm、125mm和150mm三种。管段长度有0.5m、1m、2m、3m和4m五种，壁厚一般为1.6~2mm，由焊接钢管和无缝钢管制成。常用直管的重量见表2-58。

表 2-58　　　　　　　　　　　　常 用 直 管 重 量

管子内径/mm	管子长度/m	管子自重/kg	充满混凝土后重量/kg
100	4	22.3	102.3
	3	17	77
	2	11.7	51.7
	1	6.4	26.4
	0.5	3.7	13.5
125	3	21	113.4
	2	14.6	76.2
	1	8.1	33.9
	0.5	4.7	20.1

2）弯管：弯管的弯曲角度有 15°、30°、45°、60°和 90°，其曲率半径有 1m、0.5m 和 0.3m 三种，以及与直管相应的口径。常用弯管的重量见表 2-59。

表 2-59　　　　　　　　　　常 用 弯 管 重 量

管子内径/mm	弯曲角度/(°)	管子自重/kg	充满混凝土后重量/kg
100	90	20.3	52.4
	60	13.9	35
	45	10.6	26.4
	30	7.1	17.6
	15	3.7	9
125	90	27.5	76.1
	60	18.5	50.9
	45	14	38.3
	30	9.5	25.7
	15	5	13.1

3）锥形管：主要是用于不同管径的变换处，常用的有 $\phi150\sim175mm$、$\phi125\sim150mm$、$\phi100\sim125mm$。常用的长度为 1m。

4）软管：软管的作用主要是装在输送管末端直接布料，其长度有 5~8m，对它的要求是柔软、轻便和耐用，便于人工搬动。常用软管的重量见表 2-60。

表 2-60　　　　　　　　　　常 用 软 管 重 量

管　径/mm	软管长度/m	软管自重/kg	充满混凝土后重量/kg
100	3	14	68
	5	23.3	113.3
	8	37.3	181.3
125	3	20.5	107.5
	5	34.1	179.1
	8	54.6	286.6

5）管接头：主要是用于管子之间的连接，以便快速装拆和及时处理堵管部位。

6）逆止阀：常用的逆止阀有针形阀和制动阀。逆止阀是在垂直向上泵送混凝土过程中使用，如混凝土泵送暂时中断，垂直管道内的混凝土因自重会对混凝土泵产生逆向压力，逆止阀可防止这种逆向压力对泵的破坏，使混凝土泵得到保护和启动方便。

（四）混凝土布料设备

1. 混凝土泵车布料杆

混凝土泵车布料杆，是在混凝土泵车上附装的既可伸缩也可曲折的混凝土布料装置。

混凝土输送管道就设在布料杆内,末端是一段软管,用于混凝土浇筑时的布料工作。图2-25是一种三叠式布料杆混凝土浇筑范围示意图。这种装置的布料范围广,在一般情况下不需再行配管。

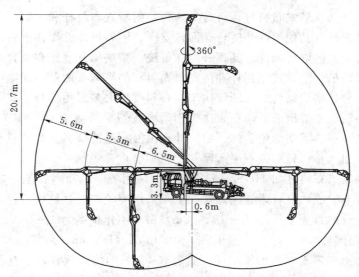

图 2-25　三折叠式布料杆浇筑范围

2. 独立式混凝土布料器(见图 2-26)

独立式混凝土布料器是与混凝土泵配套工作的独立布料设备。在操作半径内,能比较灵活自如地浇筑混凝土。其工作半径一般为10m左右,最大的可达40m。由于其自身较

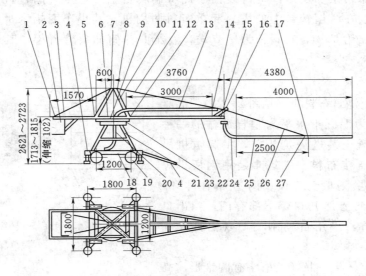

图 2-26　独立式混凝土布料器(单位:mm)

1、7、8、15、16、27—卸甲轧头;2—平衡臂;3、11、26—钢丝绳;4—撑脚;5、12—螺栓、螺母、垫圈;6—上转盘;9—中转盘;10—上角撑;13、25—输送管;14—输送管轧头;17—夹子;18—底架;19—前后轮;20—高压管;21—下角撑;22—前臂;23—下转盘;24—弯管

为轻便,能在施工楼层上灵活移动,所以,实际的浇筑范围较广,适用于高层建筑的楼层混凝土布料。

3. 固定式布料杆

固定式布料杆又称塔式布料杆,可分为两种:附着式布料杆和内爬式布料杆。这两种布料杆除布料臂架外,其他部件如转台、回转支撑、回转机构、操作平台、爬梯、底架均采用批量生产的相应的塔吊部件,其顶升接高系统、楼层爬升系统亦取自相应的附着式自升塔吊和内爬式塔吊。附着式布料杆和内爬式布料杆的塔架有两种不同结构,一种是钢管立柱塔架,另一种是格桁结构方形断面构架。布料臂架大多采用低合金高强钢组焊薄壁箱形断面结构,一般由三节组成。薄壁泵送管则附装在箱形断面梁上,两节泵管之间用90°弯管相连通。这种布料臂架的俯、仰、曲、伸全由液压系统操纵。为了减小布料臂架负荷对塔架的压弯作用,布料杆多装有平衡臂并配有平衡重。

目前有些内爬式布料杆如HG17~HG25型,装用另一种布料臂架,臂架为轻量型钢格桁结构,由两节组成,泵管附装于此臂架上,采用绳轮变幅系统进行臂架的折叠和俯仰变幅。这种布料臂的最大工作幅度为17~28m,最小工作幅度为1~2m。

固定式布料杆装用的泵管有三种规格:$\phi100mm$、$\phi112mm$、$\phi125mm$,管壁厚一般为6mm。布料臂架上的末端泵管的管端还都套装有4m长的橡胶软管,以有利于布料。

4. 起重布料两用机

该机亦称起重布料两用塔吊,多由重型塔吊为基础改制而成,主要用于造型复杂、混凝土浇筑量大的工程。布料系统可附装在特制的爬升套架上,亦可安装在塔顶部经过加固改装的转台上。所谓特制爬升套架乃是带有悬挑支座的特制转台与普通爬升套架的集合体。布料系统及顶部塔身装设于此特制转台上。近年我国自行设计制造了一种布料系统装设在塔帽转台上的塔式起重布料两用机,其小车变幅水平臂架最大幅度56m时,起重量为1.3t,布料杆为三节式,液压曲伸俯仰泵管臂架,其最大作业半径为38m。

5. 混凝土浇筑斗

(1)混凝土浇筑布料斗(见图2-27)。混凝土浇筑布料斗为混凝土水平与垂直运输的一种转运工具。混凝土装进浇筑斗内,由起重机吊送至浇筑地点直接布料。浇筑斗是用钢板拼焊成备箕式,容量一般为1m³。两边焊有耳环,便于挂钩起吊。上部开口,下部有门,门出口为40cm×40cm,采用自动闸门,以便打开和关闭。

(2)混凝土吊斗。混凝土吊斗有圆锥形、高架方形、双向出料形等(见图2-28),斗容量0.7~1.4m³。混凝土由搅拌机直接装入后,用起重机吊至浇筑地点。

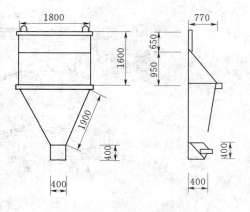

图2-27 混凝土浇筑布料斗
(单位:mm)

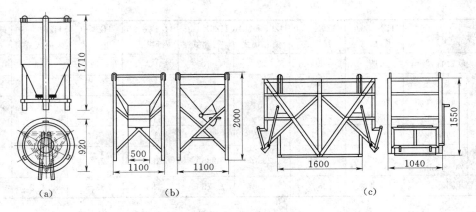

图 2-28　混凝土吊斗（单位：mm）

(a) 圆锥形；(b) 高架方形；(c) 双向出料形

六、混凝土浇筑

（一）混凝土振动设备

1. 振动设备分类

振动设备分类见表 2-61～表 2-63。

表 2-61　振动设备分类

分　类	说　明
内部振动器（插入式振动器）	形式有硬管的、软管的。振动部分有锤式、棒式、片式等。振动频率有高有低。主要适用于大体积混凝土、基础、柱、梁、墙、厚度较大的板，以及预制构件的捣实工作。当钢筋十分稠密或结构厚度很薄时，其使用就会受到一定的限制
表面振动器（平板式振动器）	其工作部分是一钢制或木制平板，板上装一个带偏心块的电动振动器。振动力通过平板传递给混凝土，由于其振动作用深度较小，仅适用于表面积大而平整的结构物，如平板、地面、屋面等构件
外部振动器（附着式振动器）	这种振动器通常是利用螺栓或钳形夹具固定在模板外侧，不与混凝土直接接触，借助模板或其他物体将振动力传递到混凝土。由于振动作用不能深远，仅适用于振捣钢筋较密、厚度较小以及不宜使用插入式振动器的结构构件
振动台	由上部框架和下部支架、支承弹簧、电动机、齿轮同步器、振动子等组成。上部框架是振动台的台面，上面可固定放置模板，通过螺旋弹簧支承在下部的支架上，振动台只能作上下方向的定向振动，适用于混凝土预制构件的振捣

表 2-62　插入式振动器技术规格

项　目		HZ-50A行星式	HZ6X-30行星式	HZ6P-70A偏心块式	HZ6X-35行星式	HZ6X-50行星式	HZ-50插入式	HZ6X-60插入式	HZ6-50插入式
振动棒	直径/mm	53	33	71	35	50	50	62	50
	长度/mm	529	413	400	468	500	500	470	500
	振动力/N	4800～5800	2200		2500	5700	5800	9200	
	频率/（次·min⁻¹）	12500～14500	19000	6200	15800	14000	14000	14000	6000
	振幅/mm	1.8～2.2	0.5	2～2.5	0.5	1.1	2.4	1.4	1.5～2.5

项　目		HZ—50A 行星式	HZ6X—30 行星式	HZ6P—70A 偏心块式	HZ6X—35 行星式	HZ6X—50 行星式	HZ—50 插入式	HZ6X—60 插入式	HZ6—50 插入式
软轴软管	软管直径/mm	13	10	13	10	13	12	13	13
	软管长度/m	4	4	4	4	4	4	4	4
	软轴直径/mm	外径36 内径20		36	外径30	外径40 内径20	42	40	42
电动机	功率/kW	1.1	1.1	2.2	1.1	1.1	1.1	1.1	1.5
	转速/(r·min⁻¹)	2850	2850	2850	2850	2850	2800		2860
总重/kg		34	26.4	45	25	33	32.5	35.2	48

表 2－63　　　　　　　　　　　附着式及平板式振动器技术规格

项　目	附　着　式								平　板　式	
	B—11A	HZ2—10	HZ2—11	HZ2—4	HZ2—5	HZ2—5A	H22—7	HZ2—20	PZ—50	N—7
电动机/kN	1.1	1	1.5	0.5	1.1	1.5	1.5	2.2	0.5	0.4
振动力/N	4300	9000	1000	3700		4800	5700	18000	4700	3400
振幅/mm		2	0		4300	2	1.5	3.5	2.8	
振动频率/(次·min⁻¹)	2840	2800	2850	2800	2850	2860	2800	2850	2850	2850
外形尺寸/(mm×mm×mm)	395×212×228	410×325×245	390×325×246	365×210×218	425×210×220	410×210×240	420×280×260	450×270×290	600×400×280	950×550×270
总重/kg	27	57	57	23	27	28	38	65	36	44

注　1. 附着式振动器可安装振板，改装成平板式振动器。
　　2. PZ—50平板振动器作用深度250mm以上。

2. 振动器故障、产生原因及排除方法

振动器故障、产生原因及排除方法见表2－64。

表 2－64　　　　　　　　　　振动器故障、产生原因及排除方法

故 障 现 场	故 障 原 因	排 除 方 法
电动机定子过热，机体温度过高（超过额定温升）	1. 工作时间过久； 2. 定子受潮，绝缘程度降低； 3. 负荷过大； 4. 电源电压过大、过低，时常变动及三相不平衡； 5. 导线绝缘不良，电流流入地中； 6. 线路接头不紧	1. 停止作业，让其冷却； 2. 应立即干燥； 3. 检查原因，调整负荷； 4. 用电压表测定，并进行调整； 5. 用绝缘布缠好损坏处； 6. 重新接紧线头
电动机有强烈的钝音，同时发生转速降低，振动力减小	1. 定子磁铁松动； 2. 一相保险丝断开或内部断裂	1. 应拆除检修； 2. 更换保险丝和修理断线处
电动机线圈烧坏	1. 定子过热； 2. 绝缘严重受潮； 3. 相间短路，内部混线或接线错误	必须部分或全部重绕定子线圈
电动机或把手有电	1. 导线绝缘不良漏电，尤其在开关盒接头处； 2. 定子的一相绝缘破坏	1. 用绝缘胶布包好破裂处； 2. 应检修线圈

故 障 现 场	故 障 原 因	排 除 方 法
开关出火花，开关保险丝易断	1. 线间短路或漏电； 2. 绝缘受潮，绝缘强度降低； 3. 负荷过大	1. 检查修理； 2. 进行干燥； 3. 调整负荷
电动线滚动轴承损坏，转子、定子相互摩擦	1. 轴承缺油或油质不好； 2. 轴承磨损而致损失	更换滚动轴承
振动棒不振	1. 电动机转向反了； 2. 单向离合器部分机体损坏； 3. 软轴和机体振动子之间接头处没有连接好； 4. 钢丝软轴扭断； 5. 行星式振动子柔性铰损坏或滚子与滚道间有油污	1. 需改变接线（交换任意两相）； 2. 检查单向离合器，必要时加以修理或更换零件； 3. 将接头连接好； 4. 重新用锡焊接或更换软轴； 5. 检修柔性铰链和清除滚子与滚道间的油污，必要时更换橡胶油封
振动棒振动有困难	1. 电动机的电压与电源电压不符； 2. 振动棒外壳磨坏，漏入灰浆； 3. 振动棒顶盖未拧紧或磨坏而漏入灰浆，使滚动轴承损坏； 4. 行星式振动子起振困难； 5. 滚子与滚道间有油污； 6. 软管衬簧和钢丝软轴之间摩擦太大	1. 调整电源电压； 2. 更换振动棒外壳，清洗滚动轴承和加注润滑脂； 3. 清洗或更换滚动轴承，更换或拧紧顶盖； 4. 摇晃棒头或将棒头尖对地面轻轻一碰； 5. 清洗油污，必要时更换油封； 6. 修理钢丝软轴并使软轴与软管衬簧的长短相适应
胶皮套管破裂	1. 弯曲半径过小； 2. 用力斜推振动棒或使用时间过久	割去一段，重新连接或更换新的软管
附着式振动器机体内有金属撞击声	振动子锁紧，螺栓松脱，振动子产生轴向位移	重新锁紧振动子，必要时更换锁紧螺栓
平板式振动器的底板振动有困难	1. 振动子的滚动轴承损坏； 2. 三角皮带松弛	1. 更换滚动轴承； 2. 调整或更换电动机机座的橡胶垫，调整或更换减振弹簧

（二）混凝土输送

在混凝土输送工序中，应控制混凝土运至浇筑地点后，不离析、不分层、组成成分不发生变化，并能保证施工所必需的稠度。

运送混凝土的容积和管道，应不吸水、不漏浆，并保证卸料及输送通畅。容器和管道在冬、夏期都要有保温或隔热措施。

1. 输送条件

（1）输送时间。混凝土应以最少的转载次数和最短的时间，从搅拌地点运至浇筑地点。混凝土从搅拌机中卸出后到浇筑完毕的延续时间应符合表2-65的要求。

表 2-65　　　　　　　混凝土从搅拌机中卸出到浇筑完毕的延续时间

气温/℃	延 续 时 间/min			
	采用搅拌车		其他运输设备	
	≤C30	>C30	≤C30	>C30
≤25	120	90	90	75
>25	90	60	60	45

注　掺有外加剂或采用快硬水泥时延续时间应通过试验确定。

（2）输送道路。场内输送道路应尽量平坦，以减少运输时的振荡，避免造成混凝土分层离析。同时还应考虑布置环形回路，施工高峰时宜设专人管理指挥，以免车辆互相拥挤阻塞。临时架设的桥道要牢固，桥板接头须平顺。

浇筑基础时，可采用单向输送主道和单向输送支道的布置方式；浇筑柱子时，可采用来回输送主道和盲肠支道的布置方式；浇筑楼板时，可采用来回输送主道和单向输送支管道结合的布置方式。对于大型混凝土工程，还必须加强现场指挥和调度。

（3）季节施工。在风雨或暴热天气输送混凝土，容器上应加遮盖，以防进水或水分蒸发。冬期施工应加以保温。夏季最高气温超过 40℃时，应有隔热措施。

2. 质量要求

1）混凝土运送至浇筑地点，如混凝土拌和物出现离析或分层现象，应对混凝土拌和物进行二次搅拌。

2）混凝土运至浇筑地点时，应检测其稠度，所测稠度值应符合设计和施工要求。其允许偏差值应符合有关标准的规定。

3）混凝土拌和物运至浇筑地点时的温度，最高不宜超过 35℃；最低不宜低于 5℃。

（三）混凝土浇筑

1. 浇筑施工准备

（1）制定施工方案。根据工程对象、结构特点，结合具体条件，制定混凝土浇筑的施工方案。

（2）机具准备及检查。搅拌机、运输车、料斗、串筒、振动器等机具设备按需要准备充足，并考虑发生故障时的修理时间。重要工程应有备用的搅拌机和振动器，特别是采用泵送混凝土，一定要有备用泵。所用的机具均应在浇筑前进行检查和试运转，同时配有专职技工，随时检修。浇筑前，必须核实一次浇筑完毕或浇筑至某施工缝前的工程材料，以免停工待料。

（3）保证水电及原材料的供应。在混凝土浇筑期间，要保证水、电、照明不中断。为了防备临时停水停电，事先应在浇筑地点贮备一定数量的原材料（如砂、石、水泥、水等）和人工拌和捣固用的工具，以防出现意外的施工停歇缝。

（4）掌握天气季节变化情况。加强气象预测预报的联系工作。在混凝土施工阶段应掌握天气的变化情况，特别在雷雨台风季节和寒流突然袭击之际，更应注意，以保证混凝土连续浇筑地顺利进行，确保混凝土质量。

根据工程需要和季节施工特点，应准备好在浇筑过程中所必需的抽水设备和防雨、防暑、防寒等物资。

（5）检查模板、支架、钢筋和预埋件。在浇筑混凝土之前，应检查和控制模板、钢筋、保护层和预埋件等的尺寸、规格、数量和位置，其偏差值应符合现行国家标准 GB 50204《混凝土结构工程施工质量验收规范》的规定。此外，还应检查模板支撑的稳定性以及模板接缝的密合情况。

模板和隐蔽工程项目应分别进行预检和隐蔽验收。符合要求时，方可进行浇筑。检查时应注意以下几点：

1）模板的标高、位置与构件的截面尺寸是否与设计符合；构件的预留拱度是否正确。

2）所安装的支架是否稳定；支柱的支撑和模板的固定是否可靠。

3）模板的紧密程度。

4）钢筋与预埋件的规格、数量、安装位置及构件接点连接焊缝，是否与设计符合。

在浇筑混凝土前，模板内的垃圾、木片、刨花、锯屑、泥土和钢筋上的油污、鳞落的铁皮等杂物，应清除干净。

木模板应浇水加以润湿，但不允许留有积水。湿润后，木模板中尚未胀密的缝隙应贴严，以防漏浆。

金属模板中的缝隙和孔洞也应予以封闭。

检查安全设施、劳动配备是否妥当，能否满足浇筑速度的要求。

（6）其他。在地基或基土上浇筑混凝土，应清除淤泥和杂物，并应有排水和防水措施。

对干燥的非黏性土，应用水湿润；对未风化的岩石，应用水清洗，但其表面不得留有积水。

2. 浇筑厚度及间歇时间

（1）浇筑层厚度。混凝土浇筑层的厚度，应符合表 2-66 的规定。

表 2-66　　　　　　　　　　　混凝土浇筑层厚度　　　　　　　　　　单位：mm

捣实混凝土的方法		浇筑层的厚度
插入式振捣		振捣器作用部分长度的 1.25 倍
表面振动		200
人工捣固	在基础、无筋混凝土或配筋稀疏的结构中	250
	在梁、墙板、柱结构中	200
	在配筋密列的结构中	150
轻骨料混凝土	插入式振捣	300
	表面振动（振动时需加荷）	200

（2）浇筑间歇时间。浇筑混凝土应连续进行。如必须间歇时，其间歇时间宜缩短，并应在前层混凝土凝结之前，将次层混凝土浇筑完毕。

混凝土运输、浇筑及间歇的全部时间不得超过表 2-67 的规定，当超过规定时间必须设置施工缝。

表 2-67　　　　　　　　　　混凝土运输、浇筑和间隙的时间　　　　　　　　单位：min

混凝土强度等级	气　温	
	≤25℃	>25℃
≤C30	210	180
>C30	180	150

注　当混凝土中掺有促凝或缓凝型外加剂时，其允许时间应通过试验确定。

3. 浇筑质量要求

1）在浇筑工序中，应控制混凝土的均匀性和密实性。混凝土拌和物运至浇筑地点后，应立即浇筑入模。在浇筑过程中，如发现混凝土拌和物的均匀性和稠度发生较大的变化，应及时处理。

2）浇筑混凝土时，应注意防止混凝土的分层离析。混凝土由料斗、漏斗内卸出进行浇筑时，其自由倾落高度一般不宜超过 2m，在竖向结构中浇筑混凝土的高度不得超过 3m，否则应采用串筒、斜槽、溜管等下料。

3）浇筑竖向结构混凝土前，底部应先填以 50～100mm 厚与混凝土成分相同的水泥砂浆。

4）浇筑混凝土时，应经常观察模板、支架、钢筋、预埋件和预留孔洞的情况，当发现有变形、移位时，应立即停止浇筑，并应在已浇筑的混凝土凝结前修整完好。

5）混凝土在浇筑及静置过程中，应采取措施防止产生裂缝。混凝土因沉降及干缩产生的非结构性的表面裂缝，应在混凝土终凝前予以修整。在浇筑与柱和墙连成整体的梁和板时，应在柱和墙浇筑完毕后停歇 1～1.5h，使混凝土获得初步沉实后，再继续浇筑，以防止接缝处出现裂缝。

6）梁和板应同时浇筑混凝土。较大尺寸的梁（梁的高度大于 1m）、拱和类似的结构，可单独浇筑。但施工缝的设置应符合有关规定。

（四）泵送混凝土的运输与浇筑

1. 泵送混凝土运输

泵送混凝土的运送应采用混凝土搅拌运输车。在现场搅拌站搅拌的泵送混凝土可采取适当的方式运送，但必须防止混凝土的离析和分层，混凝土搅拌运输车的数量应根据所选用混凝土泵的输出量决定。

混凝土泵的实际平均输出量可根据混凝土泵的最大输出量、配管情况和作业效率按下式计算：

$$Q_1 = Q_{max} \alpha_1 \eta \qquad (2-25)$$

式中　Q_1——每台混凝土泵的实际平均输出量，m^3/h；

　　　Q_{max}——每台混凝土泵的最大输出量，m^3/h；

　　　α_1——配管条件系数，可取 0.8～0.9；

　　　η——作业效率。根据混凝土搅拌运输车向混凝土泵供料的间断时间、拆装混凝土输送管和布料停歇等情况，可取 0.5～0.7。

当混凝土泵连续作业时，每台混凝土所需配备的混凝土搅拌运输车台数，可按下式计算：

$$N_1 = \frac{Q_1}{60V_1}\left(\frac{60L_1}{S_0} + T_1\right) \qquad (2-26)$$

式中　N_1——混凝土搅拌运输车台数，台；

　　　Q_1——每台混凝土泵的实际平均输出量，m^3/h；按式（2-25）计算；

　　　V_1——每台混凝土搅拌车容量，m^3；

　　　S_0——混凝土搅拌运输平均行车速度，km/h；

　　　L_1——混凝土搅拌运输车往返距离，km；

T_1——每台混凝土搅拌运输车总计停歇时间，min。

混凝土搅拌运输车的现场行驶道路，应符合下列规定：

1）混凝土搅拌运输车行车的线路宜设置成环行车道，并应满足重车行驶的要求。

2）车辆出入口处，宜设置交通安全指挥人员。

3）夜间施工时，在交通出入口的运输道路上，应有良好照明。危险区域，应设警戒标志。

混凝土搅拌运输车装料前，必须将拌筒内积水倒净。运输途中，严禁往拌筒内加水。泵送混凝土运送延续时间可按下列要求执行：

1）未掺外加剂的混凝土，可按表2-68执行。

表 2-68 泵送混凝土运输延续时间

混凝土出机温度/℃	运输延续时间/min
25～30	50～60
5～25	60～90

2）掺木质素磺酸钙时，宜不超过表2-69的规定。

表 2-69 掺木质素磺酸钙时的泵送混凝土运输延续时间 单位：min

混凝土强度等级	气　温	
	≤25℃	>25℃
≤C30	120	90
>C30	90	60

3）采用其他外加剂时，可按实际配合比和气温条件测定混凝土的初凝时间，其运输延续时间，不宜超过所测得的混凝土初凝时间的1/2。

混凝土搅拌运输车给混凝土泵喂料时，应符合下列要求：

1）喂料前，应用中、高速旋转拌筒，使混凝土拌和均匀，避免出料的混凝土的分层离析。

2）喂料时，反转卸料应配合泵送均匀进行，且应使混凝土保持在集料斗内高度标志线以上。

3）暂时中断泵送作业时，应使拌筒低转速搅拌混凝土。

4）混凝土泵进料斗上，应安置网筛并设专人监视喂料，以防粒径过大的骨料或异物进入混凝土泵造成堵塞。

使用混凝土泵输送混凝土时，严禁将质量不符合泵送要求的混凝土入泵。混凝土搅拌运输车喂料完毕后，应及时清洗拌筒并排尽积水。

2. 泵送混凝土的浇筑

（1）泵送混凝土对模板和钢筋的要求。

1）对模板的要求。由于泵送混凝土的流动性大和施工的冲击力大，因此在设计模板时，必须根据泵送混凝土对模板侧压力大的特点，确保模板和支撑有足够的强度、刚度和稳定性。模板的最大侧压力，可根据混凝土的浇筑速度、浇筑高度、密度、坍落度、温度、外加剂等主要影响因素，按下列公式计算。采用内部振捣器时，新浇筑的混凝土作用于模板的最大侧压力，可按下列公式计算，并取两式中的较小值：

$$F = 0.22\gamma_c t_0 \beta_1 \beta_2 V^{1/2} \tag{2-27}$$

$$F = \gamma_c H \tag{2-28}$$

式中　F——新浇筑混凝土对模板的最大侧压力，kN/m^2；

　　　γ_c——混凝土的重力密度，kN/m^3；

　　　t_0——新浇混凝土的初凝时间，h，可按实测确定。当缺乏试验资料时，可采用 $t_0 = 200/(T+15)$ 计算（T 为混凝土的温度，℃）；

　　　V——混凝土的浇筑速度，m/h；

　　　H——混凝土侧压力计算位置处至新浇混凝土顶面的总高度，m；

　　　β_1——外加剂影响修正系数，不掺外加剂时取 1，掺具有缓凝作用的外加剂时取 1.2；

　　　β_2——混凝土坍落度修正系数，当坍落度小于 100mm 时，取 1.1；不小于 100mm 时，取 1.15。

布料设备不得碰撞或直接搁置在模板上，手动布料杆下的模板和支架应进行加固。

2）对钢筋的要求。浇筑混凝土时，应注意保护钢筋，一旦钢筋骨架发生变形或位移，应及时纠正。混凝土板和块体结构的水平钢筋，应设置足够的钢筋撑脚或钢支架。钢筋骨架重要节点应采取加固措施。手动布料杆应设钢支架架空，不得直接支承在钢筋骨架上。

（2）混凝土的泵送。混凝土泵的操作是一项专业技术工作，安全使用及操作，应严格执行使用说明书和其他有关规定。同时应根据使用说明书制订专门操作要点。操作人员必须经过专门培训合格后，方可上岗独立操作。

在安置混凝土泵时，应根据要求将其支腿完全伸出，并插好安全销，在场地软弱时应采取措施在支腿下垫枕木等，以防混凝土泵的移动或倾翻。

混凝土泵与输送管连通后，应按所用混凝土泵使用说明书的规定进行全面检查，符合要求后方能开机进行空运转。混凝土泵启动后，应先泵送适量的水，以湿润混凝土泵的料斗、活塞及输送管的内壁等直接与混凝土接触的部位。经泵送水检查，确认混凝土泵和输送管中没有异物后，可以采用与将要泵送的混凝土内除粗骨料外的其他成分相同配合比的水泥砂浆，也可以采用纯水泥浆或 1:2 水泥浆。润滑用的水泥浆或水泥砂浆应分散布料，不得集中浇筑在同一处。

开始泵送时，混凝土泵应处于慢速、匀速并随时可能反泵的状态。泵送的速度应先慢后快，逐步加速。同时，应观察混凝土泵的压力和各系统的工作情况，待各系统运转顺利后，再按正常速度进行泵送。混凝土泵送应连续进行。如必须中断时，其中断时间不得超过混凝土从搅拌至浇筑完毕所允许的延续时间。

泵送混凝土时，混凝土泵的活塞应尽可能保持在最大行程运转。一是提高混凝土泵的输出效率，二是有利于机械的保护。混凝土泵的水箱或活塞清洗室中应经常保持充满水。泵送时，如输送管内吸入了空气，应立即进行反泵吸出混凝土，将其置于料斗中重新搅拌，排出空气后再泵送。

在混凝土泵送过程中，如果需要接长输送管长于 3m 时，应按照前述要求仍应预先用水和水泥浆或水泥砂浆，进行湿润和润滑管道内壁。混凝土泵送中，不得把拆下的输送管内的混凝土撒落在未浇筑的地方。

当混凝土泵出现压力升高且不稳定、油温升高、输送管有明显振动等现象而泵送困难时，不得强行泵送，并应立即查明原因，采取措施排除。一般可先用木槌敲击输送管弯管、锥形管等部位，并进行慢速泵送或反泵，防止堵塞。当输送管被堵塞时，应采取下列方法排除：

1）反复进行反泵和正泵，逐步吸出混凝土至料斗中，重新搅拌后再进行泵送。

2）可用木槌敲击等方法，查明堵塞部位，若确实查明了堵管部位，可在管外击松混凝土后，重复进行反泵和正泵，排除堵塞。

3）当上述两种方法无效时，应在混凝土卸压后，拆除堵塞部位的输送管，排出混凝土堵塞物后，再接通管道。重新泵送前，应先排除管内空气，拧紧接头。

在混凝土泵送过程中，若需要有计划中断泵送时，应预先考虑确定的中断浇筑部位，停止泵送；并且中断时间不要超过 1h。同时应采取下列措施：

1）混凝土泵车卸料清洗后重新泵送，采取措施或利用臂架将混凝土泵入料斗中，进行慢速间歇循环泵送；有配管输送混凝土时，可进行慢速间歇泵送。

2）固定式混凝土泵，可利用混凝土搅拌运输车内的料，进行慢速间歇泵送；或利用料斗内的混凝土拌和物，进行间歇反泵和正泵。

3）慢速间歇泵送时，应每隔 4~5min 进行 4 个行程的正、反泵。

当向下泵送混凝土时，应先把输送管上气阀打开，待输送管下段混凝土有了一定压力时，方可关闭气阀。

混凝土泵送即将结束前，应正确计算尚需用的混凝土数量，并应及时告知混凝土搅拌处。

泵送过程中被废弃的和泵送终止时多余的混凝土，应按预先确定的处理方法和场所及时进行妥善处理。

泵送完毕，应将混凝土泵和输送管清洗干净。在排除堵物，重新泵送或清洗混凝土泵时，布料设备的出口应朝安全方向，以防堵塞物或废浆高速飞出伤人。

当多台混凝土泵同时泵送施工或与其他输送方法组合输送混凝土时，应预先规定各自的输送能力、浇筑区域和浇筑顺序，并应分工明确、互相配合、统一指挥。

（3）泵送混凝土的浇筑。泵送混凝土的浇筑应根据工程结构特点、平面形状和几何尺寸，混凝土供应和泵送设备能力、劳动力和管理能力，以及周围场地大小等条件，预先划分好混凝土浇筑区域。

1）泵送混凝土的浇筑顺序。

a. 当采用混凝土输送管输送混凝土时，应由远而近浇筑。

b. 在同一区域的混凝土，应按先竖向结构后水平结构的顺序，分层连续浇筑。

c. 当不允许留施工缝时，区域之间、上下层之间的混凝土浇筑间歇时间，不得超过混凝土初凝时间。

d. 当下层混凝土初凝后，浇筑上层混凝土时，应先按留施工缝的规定处理。

2）泵送混凝土的布料方法。

a. 在浇筑竖向结构混凝土时，布料设备的出口离模板内侧面不应小于50mm，并且不向模板内侧面直冲布料，也不得直冲钢筋骨架。

b. 浇筑水平结构混凝土时，不得在同一处连续布料，应在2～3m范围内水平移动布料，且宜垂于模板。

混凝土浇筑分层厚度，一般为300～500mm。当水平结构的混凝土浇筑厚度超过500mm时，可按1∶6～1∶10坡度分层浇筑，且上层混凝土，应超前覆盖下层混凝土500mm以上。振捣泵送混凝土时，振动棒插入的间距一般为400mm左右，振捣时间一般为15～30s，并且在20～30min后对其进行二次复振。对于有预留洞、预埋件和钢筋密集的部位，应预先制定好相应的技术措施，确保顺利布料和振捣密实。在浇筑混凝土时，应经常观察，当发现混凝土有不密实等现象，应立即采取措施。水平结构的混凝土表面，应适时用木抹子磨平搓毛两遍以上。必要时，还应先用铁滚筒压两遍以上，以防止产生收缩裂缝。

（五）混凝土施工缝

1. 施工缝的设置

由于施工技术和施工组织上的原因，不能连续将结构整体浇筑完成，并且间歇的时间预计将超出表2-67规定的时间时，应预先选定适当的部位设置施工缝。

设置施工缝应该严格按照规定，认真对待。如果位置不当或处理不好，会引起质量事故，轻则开裂渗漏，影响寿命；重则危及结构安全，影响使用。因此，不能不给予高度重视。

施工缝的位置应设置在结构受剪力较小且便于施工的部位。留缝应符合下列规定：

1）柱子留置在基础的顶面、梁或吊车梁牛腿的下面、吊车梁的上面、无梁楼板柱帽的下面（见图2-29）。

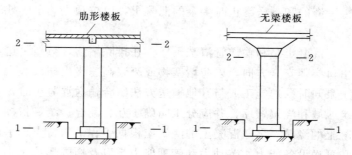

图2-29　浇筑柱的施工缝位置图
1—1、2—2—施工缝位置

2）和板连成整体的大断面梁，留置在板底面以下20～30mm处。当板下有梁托时，留在梁托下部。

3）单向板，留置在平行于板的短边的任何位置。

4）有主次梁的楼板，宜顺着次梁方向浇筑，施工缝应留置在次梁跨度的中间1/3范围内（见图2-30）。

5）墙，留置在门洞口过梁跨中 1/3 范围内，也可留在纵横墙的交接处。

6）双向受力楼板、大体积混凝土结构、拱、弯拱、薄壳、蓄水池、斗仓、多层钢架及其他结构复杂的工程，施工缝的位置应按设计要求留置。下列情况可作参考：

a. 斗仓施工缝可留在漏斗根部及上部，或漏斗斜板与漏斗主壁交接处（见图 2-31）。

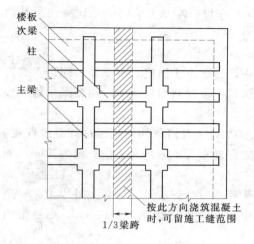
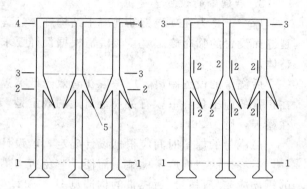

图 2-30　浇筑有主次梁楼板
的施工缝位置图

图 2-31　斗仓施工缝位置
1—1、2—2、3—3、4—4—施工缝位置；5—漏斗板

b. 一般设备地坑及水池，施工缝可留在坑壁上，距坑（池）底混凝土面 30～50cm 的范围内。承受动力作用的设备基础，不应留施工缝；如必须留施工缝时，应征得设计单位同意。一般可按下列要求留置：① 基础上的机组在担负互不相依的工作时，可在其间留置垂直施工缝；② 输送辊道支架基础之间，可留垂直施工缝。在设备基础的地脚螺栓范围内，留置施工缝时，应符合下列要求：① 水平施工缝的留置，必须低于地脚螺栓底端，其与地脚螺栓底端距离应大于 150mm；直径小于 30mm 的地脚螺栓，水平施工缝可以留在不小于地脚螺栓埋入混凝土部分总长度的 3/4 处；② 垂直施工缝的留置，其地脚螺栓中心线间的距离不得小于 250mm，并不小于 5 倍螺栓直径。

2. 施工缝的处理

在施工缝处继续浇筑混凝土时，已浇筑的混凝土抗压强度不应小于 1.2N/mm²。混凝土达到 1.2N/mm² 的时间，可通过试验决定，同时，必须对施工缝进行必要的处理。

1）在已硬化的混凝土表面上继续浇筑混凝土前，应清除垃圾、水泥薄膜、表面上松动砂石和软弱混凝土层，同时还应加以凿毛，用水冲洗干净并充分湿润，一般不宜少于 24h，残留在混凝土表面的积水应予清除。

2）注意施工缝位置附近回弯钢筋时，要做到钢筋周围的混凝土不受松动和损坏。钢筋上的油污、水泥砂浆及浮锈等杂物也应清除。

3）在浇筑前，水平施工缝宜先铺上 10～15mm 厚的水泥砂浆一层，其配合比与混凝土内的砂浆成分相同。

4）从施工缝处开始继续浇筑时，要注意避免直接靠近缝边下料。机械振捣前，宜向施缝处逐渐推进，并距 80～100cm 处停止振捣，但应加强对施工缝接缝的捣实工作，使其紧密结合。

5）承受动力作用的设备基础的施工缝处理，应遵守下列规定：① 标高不同的两个水平施工缝，其高低接合处应留成台阶形，台阶的高度比不得大于1；② 在水平施工缝上继续浇筑混凝土前，应对地脚螺栓进行一次观测校正；③ 垂直施工缝处应加插钢筋，其直径为12～16mm，长度为50～60cm，间距为50cm。在台阶式施工缝的垂直面上亦应补插钢筋。

3. 后浇带的设置

后浇带是为在现浇钢筋混凝土结构施工过程中，克服由于温度、收缩而可能产生有害裂缝而设置的临时施工缝。该缝需根据设计要求保留一段时间后再浇筑，将整个结构连成整体。

后浇带的设置距离，应考虑在有效降低温差和收缩应力的条件下，通过计算来获得。在正常的施工条件下，有关规范对此的规定是，如混凝土置于室内和土中，则为30m；如在露天，则为20m。

后浇带的保留时间应根据设计确定，若设计无要求时，一般至少保留28d以上。

后浇带的宽度应考虑施工简便，避免应力集中。一般其宽度为70～100cm。后浇带内的钢筋应完好保存。后浇带的构造见图2-32。

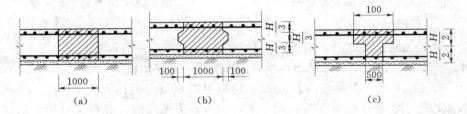

图2-32 后浇带构造图（单位：mm）
(a) 平接式；(b) 企口式；(c) 台阶式

后浇带在浇筑混凝土前，必须将整个混凝土表面按照施工缝的要求进行处理。填充后浇带混凝土可采用微膨胀或无收缩水泥，也可采用普通水泥加入相应的外加剂拌制，但必须要求填筑混凝土的强度等级比原结构强度提高一级，并保持至少15d的湿润养护。

（六）现浇混凝土结构浇筑

1. 基础浇筑

在地基上浇筑混凝土前，对地基应事先按设计标高和轴线进行校正，并应清除淤泥和杂物；同时注意排除开挖出来的水和开挖地点的流动水，以防冲刷新浇筑的混凝土。

（1）柱基础浇筑。

1）台阶式基础施工时（见图2-33），可按台阶分层一次浇筑完毕（预制柱的高杯口基础的高台部分应另行分层），不允许留设施工缝。每层混凝土要一次卸足，顺序是先边角后中间，务使砂浆充满模板。

2）浇筑台阶式柱基时，为防止垂直交角处可能出现吊脚（上层台阶与下口混凝土脱空）现象，可采取如下措施。

a. 在第一级混凝土捣固下沉2～3cm后暂不填平，继续浇筑第二级，先用铁锹沿第二

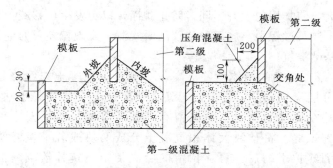

图 2-33 台阶式柱基础交角处混凝土浇筑方法示意图（单位：mm）

级模板底圈做成内外坡，然后再分层浇筑，外圈边坡的混凝土于第二级振捣过程中自动摊平，待第二级混凝土浇筑后，再将第一级混凝土齐模板顶边拍实抹平（见图 2-33）。

b. 捣完第一级后拍平表面，在第二级模板外先压以 20cm×10cm 的压角混凝土并加以捣实后，再继续浇筑第二级。待压角混凝土接近初凝时，将其铲平重新搅拌利用。

c. 如条件许可，宜采用柱基流水作业方式，即顺序先浇一排杯基第一级混凝土，再回转依次浇第二级。这样可保障已浇好的第一级有一个下沉的时间，但必须保证每个柱基混凝土在初凝之前连续施工。

3）为保证杯形基础杯口底标高的正确性，宜先将杯口底混凝土振实并稍停片刻，再浇筑振捣杯口模四周的混凝土，振动时间尽可能缩短。同时还应特别注意杯口模板的位置，应在两侧对称浇筑，以免杯口模挤向一侧或由于混凝土泛起而使芯模上升。

4）高杯口基础，由于这一级台阶较高且配置钢筋较多，可采用后安装杯口模的方法，即当混凝土浇捣到接近杯口底时，再安杯口模板后继续浇捣。

5）锥式基础，应注意斜坡部位混凝土的捣固质量，在振捣器振捣完毕后，用人工将斜坡表面拍平，使其符合设计要求。

6）为提高杯口芯模周转利用率，可在混凝土初凝后终凝前将芯模拔出，并将杯壁划毛。

7）现浇柱下基础时，要特别注意连接钢筋的位置，防止移位和倾斜，发现偏差时及时纠正。

（2）条形基础浇筑。

1）浇筑前，应根据混凝土基础顶面的标高在两侧木模上弹出标高线；如采用原槽土模时，应在基槽两侧的土壁上交错打入长 10cm 左右的标杆，并露出 2~3cm，标杆面与基础顶面标高平，标杆之间的距离约 3m 左右。

2）根据基础深度宜分段分层连续浇筑混凝土，一般不留施工缝。各段层间应相互衔接，每段间浇筑长度控制在 2~3m 距离，做到逐段逐层呈阶梯形向前推进。

（3）设备基础浇筑。

1）一般应分层浇筑，并保证上下层之间不留施工缝，每层混凝土的厚度为 20~30cm。每层浇筑顺序应从低处开始，沿长边方向自一端向另一端浇筑，也可采取中间向两端或两端向中间浇筑的顺序。

2）对一些特殊部位，如地脚螺栓、预留螺栓孔、预埋管道等，浇筑混凝土时要控制好混凝土上升速度，使其均匀上升，同时防止碰撞，以免发生位移或歪斜。对于大直径地脚螺栓，在混凝土浇筑过程中，应用经纬仪随时观测，发现偏差及时纠正。

（4）大体积基础浇筑。

1）大体积混凝土基础的整体性要求高，一般要求混凝土连续浇筑，一气呵成。施工工艺上应做到分层浇筑、分层捣实，但又必须保证上下层混凝土在初凝之前结合好，不致形成施工缝。在特殊的情况下可以留有基础后浇带。即在大体积混凝土基础中预留有一条后浇的施工缝，将整块大体积混凝土分成两块或若干块浇筑，待所浇筑的混凝土经一段时间的养护干缩后，再在预留的后浇带中浇筑补偿收缩混凝土，使分块的混凝土连成一个整体。基础后浇带的浇筑，考虑到补偿收缩混凝土的膨胀效应，当后浇带的直径长度大于50m时，混凝土要分两次浇筑，时间间隔为5～7d。要求混凝土振捣密实，防止漏振，也避免过振。混凝土浇筑后，在硬化前1～2h，应抹压，以防沉降裂缝的产生。

2）浇筑方案应根据整体性要求、结构大小、钢筋疏密、混凝土供应等具体情况，选用如下三种方式。

a. 全面分层［见图2-34（a）］：在整个基础内全面分层浇筑混凝土，要做到第一层全面浇筑完毕回来浇筑第二层时，第一层浇筑的混凝土还未初凝，如此逐层进行，直至浇筑好。这种方案适用于平面尺寸不太大的结构，施工时从短边开始，沿长边进行较适宜。必要时亦可分为两段，从中间向两端或从两端向中间同时进行。

b. 分段分层［见图2-34（b）］：适宜于厚度不太大而面积或长度较大的结构。混凝土从底层开始浇筑，进行一定距离后回来浇筑第二层，如此依次向前浇筑以上各分层。

c. 斜面分层［见图2-34（c）］：适用于长度超过厚度三倍的结构。振捣工作应从浇筑层的下端开始，逐渐上移，以保证混凝土施工质量。

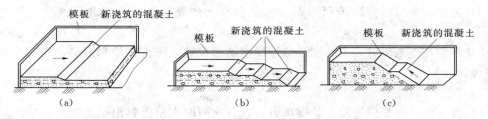

图2-34 大体积基础浇筑方案
（a）全面分层；（b）分段分层；（c）斜面分层

分层的厚度决定于振动器的棒长和振动力的大小，也要考虑混凝土的供应量大小和可能浇筑量的多少，一般为20～30cm。

3）浇筑混凝土所采用的方法，应使混凝土在浇筑时不发生离析现象。混凝土自高处自由倾落高度超过2m时，应沿串筒、溜槽、溜管等下落，以保证混凝土不致发生离析现象。串筒布置应适应浇筑面积、浇筑速度和摊平混凝土堆的能力，但其间距不得大于3m，布置方式为交错式或行列式。

4）浇筑大体积基础混凝土时，由于凝结过程中水泥会散发出大量的水化热，因而形成内外温度差较大,易使混凝土产生裂缝。因此,必须采取措施。

5) 浇筑设备基础时,对一些特殊部分,要引起注意,以确保工程质量。例如:

a. 地脚螺栓:地脚螺栓一般利用木横梁固定在模板上口,浇筑时要注意控制混凝土的上升速度,使两边均匀上升,不使模板上口位移,以免造成螺栓位置偏差。地脚螺栓的丝扣部分应预先涂好黄油,用塑料布包好,防止在浇筑过程中沾上水泥浆或碰坏。当螺栓固定在细长的钢筋骨架上,并要求不下沉变位时,必须根据具体情况对钢筋骨架进行核算,其是否能承受螺栓锚板自重和浇筑混凝土的重量与冲压力。如钢筋骨架不能满足以上要求时,则应另加钢板支承。对锚板下混凝土要振捣密实。一般在浇筑这部位混凝土时,板外侧混凝土应略加高些,再细心振捣使混凝土压向板底,直至板边缝周围有混凝土浆冒出为止。如锚板面积较大,则可在板中间钻一小孔,通过小孔观察,看到混凝土浆冒出,证明这部位混凝土已密实,否则易造成空隙。

b. 预留栓孔:预留栓孔一般采用楔形木塞或模壳板留孔,由于一端固定,一端悬空,在浇筑时应注意保证其位置垂直正确。木塞宜涂以油脂以易于脱模。浇筑后,应在混凝土初凝时及时将木塞取出,否则将会造成难拔并可能损坏预留孔附近的混凝土。

c. 预埋管道:浇筑有预埋大型管道的混凝土时,常会出现蜂窝。为此,在浇筑混凝土时应注意粗骨料颗粒不宜太大,稠度应适宜,先振捣管道的底和两侧,待有浆冒出时,再浇筑盖面混凝土。

6) 承受动力作用的设备基础的上表面与设备基座底部之间,用混凝土(或砂浆)进行二次浇筑时,应遵守下列规定。

a. 浇筑前应先清除地脚螺栓、设备底座部分及垫板等处的油污、浮锈等杂物,并将基础混凝土表面冲洗干净,保持湿润。

b. 浇筑混凝土(或砂浆),必须在设备安装调整合格后进行。其强度等级应按设计规定;如设计无规定时,可按原基础的混凝土强度等级提高一级,并不得低于C15。混凝土的粗骨料粒径可根据缝隙厚度选用 5~15mm,当缝隙厚度小于 40mm 时,宜采用水泥砂浆。

c. 二次浇筑混凝土的厚度超过 20cm 时,应加配钢筋,配筋方法由设计确定。

7) 浇筑地坑时,可根据地坑面积的大小、深浅以及壁的厚度不同,采取一次浇筑或地坑底板和壁分别浇筑的施工方法。对混凝土一次浇筑时,其内模板应做成整体式并预先架立好。当坑底板混凝土浇筑完后,紧接浇筑坑壁。为保证底和壁接缝处的质量,在拌制用于该处的混凝土时可按原配合比将石子用量减半。如底和壁分开浇筑时,其内模板待底板混凝土浇筑完并达到一定强度后,视壁高度可一次或分段支模。施工缝宜留在坑壁上,距坑底混凝土面 30~50cm 并做成凹槽形式。施工中要特别重视和加强坑壁以及分层、分段浇筑的混凝土之间的密实性。机械振捣的同时,宜用小木槌在模板外面轻轻敲击配合,以防拆模后出现蜂窝、麻面、孔洞和断层等施工缺陷。

8) 雨期施工时,应采取搭设雨篷或分段搭雨篷的办法进行浇筑,一般均要事先做好防雨措施。

2. 框架浇筑

1) 多层框架按分层分段施工,水平方向以结构平面的伸缩缝分段,垂直方向按结构层次分层。在每层中先浇筑柱，再浇筑梁、板。浇筑一排柱的顺序应从两端同时开始，向中间推进，以免因浇筑混凝土后由于模板吸水膨胀，断面增大而产生横向推力，最后使柱发生弯曲变形。柱子浇筑宜在梁、板模板安装后，钢筋未绑扎前进行，以便利用梁、板模板稳定柱模和作为浇筑柱混凝土操作平台之用。

2) 浇筑混凝土时应连续进行，如必须间歇时，应按表 2-67 规定执行。

3) 浇筑混凝土时，浇筑层的厚度不得超过表 2-66 的数值。

4) 混凝土浇筑过程中，要分批作坍落度试验，如坍落度与原规定不符时，应予调整配合比。

5) 混凝土浇筑过程中，要保证混凝土保护层厚度及钢筋位置的正确性。不得踩踏钢筋，不得移动预埋件和预留孔洞的原来位置，如发现偏差和位移，应及时校正。特别要重视竖向结构的保护层和板、雨篷结构负弯矩部分钢筋的位置。

6) 在竖向结构中浇筑混凝土时，应遵守下列规定。

a. 柱子应分段浇筑，边长大于 40cm 且无交叉箍筋时，每段的高度不应大于 3.5m。

b. 墙与隔墙应分段浇筑，每段的高度不应大于 3m。

c. 采用竖向串筒导送混凝土时，竖向结构的浇筑高度可不加限制。凡柱断面在 40cm×40cm 以内，并有交叉箍筋时，应在柱模侧面开不小于 30cm 高的门洞，装上斜溜槽分段浇筑，每段高度不得超过 2m。

d. 分层施工开始浇筑上一层柱时，底部应先填以 5~10cm 厚水泥砂浆一层，其成分与浇筑混凝土内砂浆成分相同，以免底部产生蜂窝现象。

在浇筑剪力墙、薄墙、立柱等狭深结构时，为避免混凝土浇筑至一定高度后，由于积聚大量浆水而可能造成混凝土强度不匀的现象，宜在浇筑到适当的高度时，适量减少混凝土的配合比用水量。

7) 肋形楼板的梁、板应同时浇筑，浇筑方法应先将梁根据高度分层浇捣成阶梯形，当达到板底位置时即与板的混凝土一起浇捣，随着阶梯形的不断延长，则可连续向前推进（见图 2-35）。倾倒混凝土的方向应与浇筑方向相反（见图 2-36）。当梁的高度大于 1m 时，允许单独浇筑，施工缝可留在距板底面以下 2~3cm 处。

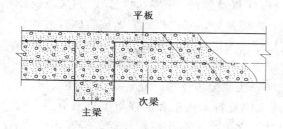
图 2-35　梁、板同时浇筑方法示意图

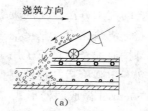
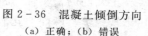
图 2-36　混凝土倾倒方向
(a) 正确；(b) 错误

8) 浇筑无梁楼盖时，在离柱帽下 5cm 处暂停，然后分层浇筑柱帽，下料必须倒在柱帽中心，待混凝土接近楼板底面时，即可连同楼板一起浇筑。

9) 当浇筑柱梁及主次梁交叉处的混凝土时，一般钢筋较密集，特别是上部负钢筋又粗又多，因此，既要防止混凝土下料困难，又要注意防止砂浆挡住石子不下去。必要时，这一部分可改用细石混凝土进行浇筑，与此同时，振捣棒头可改用片式并辅以人工捣固配合。

10）梁板施工缝可采用企口式接缝或垂直立缝的做法，不宜留坡槎。在预定留施工缝的地方，在板上按板厚放一木条，在梁上闸以木板，其中间要留切口通过钢筋。

3. 剪力墙浇筑

剪力墙浇筑应采取长条流水作业，分段浇筑，均匀上升。墙体浇筑混凝土前或新浇混凝土与下层混凝土结合处，应在底面上均匀浇筑 5cm 厚与墙体混凝土成分相同的水泥砂浆或减石子混凝土。砂浆或混凝土应用铁锹入模，不应用料斗直接灌入模内，混凝土应分层浇筑振捣，每层浇筑厚度控制在 60cm 左右。浇筑墙体混凝土应连续进行，如必须间歇，其间歇时间应尽量缩短，并应在前层混凝土初凝前将次层混凝土浇筑完毕。墙体混凝土的施工缝一般宜设在门窗洞口上，接槎处混凝土应加强振捣，保证接槎严密。

洞口浇筑混凝土时，应使洞口两侧混凝土高度大体一致。振捣时，振捣棒应距洞边30cm 以上，从两侧同时振捣，以防止洞口变形，大洞口下部模板应开口并补充振捣。构造柱混凝土应分层浇筑，内外墙交接处的构造柱和墙同时浇筑，振捣要密实。采用插入式振捣器捣实普通混凝土的移动间距不宜大于作用半径的 1.5 倍，振捣器距离模板不应大于振捣器作用半径的 1/2，不碰撞各种埋件。

混凝土墙体浇筑振捣完毕后，将上口甩出的钢筋加以整理，用木抹子按标高线将墙上表面混凝土找平。

混凝土浇捣过程中，不可随意挪动钢筋，要经常加强检查钢筋保护层厚度及所有预埋件的牢固程度和位置的准确性。

4. 拱壳浇筑

拱壳结构属于大跨度空间结构，其外形尺寸的准确与否与结构受力性能大有关系，因此，在施工中不仅要保持准确的外形，同时，对混凝土的均匀性、密实性、整体性的要求都较普通结构高。

浇筑程序要以拱壳结构的外形构造和施工特点为基础，着重注意施工荷载的对称性和连续作业。

（1）长条形拱。

1）一般应沿其长度分段浇筑，各分段的接缝应与拱的纵向轴线垂直。

2）浇筑时，为使模板保持设计形状，在每一区段中应自拱脚到拱顶对称地浇筑。如浇筑拱顶两侧部分，拱顶模板有升起情况时，可在拱顶尚未被浇筑的模板上加砂袋等临时荷载。

（2）筒形薄壳。

1）筒形薄壳结构，应对称浇筑，在边梁和横隔板的下部浇筑完毕后，再继续浇筑壳板和横隔板的上部（见图 2-37）。

2）多跨连续筒形薄壳结构，可自中央跨开始或自两边向中央对称地逐跨浇筑，每跨按单跨筒形薄壳施工（见图 2-38）。

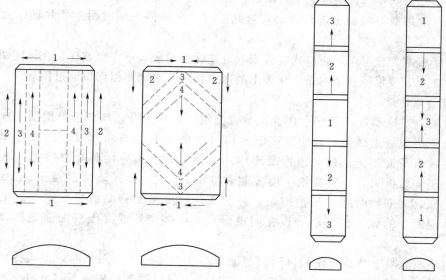

图 2-37　浇筑筒形薄壳顺序示意图

图 2-38　浇筑多跨连续筒形
薄壳顺序示意图

（3）球形薄壳。

1）球形薄壳结构，可自薄壳的周边向壳顶呈放射线状或螺旋状环绕壳体对称浇筑（见图 2-39）。

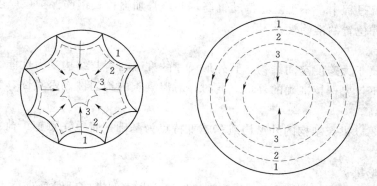

图 2-39　浇筑球形薄壳顺序示意图

2）施工缝应避免设置在下部结构的接合部分和四周的边梁附近，可按周边为等距的圆环形状设置。

（4）扁壳结构。

1）扁壳结构，以四面横隔交角处为起点，分别对称地向扁壳的中央和壳顶推进，直到将壳体四周的三角形部分浇筑完毕，使上部壳体成圆球形时，再按球形壳的浇筑方法进行（见图 2-40）。

2）施工缝应避免设置在下部结构的接合部分、四面横隔与壳板的接合部分和扁壳的四角处。

（5）浇筑拱形结构的拉杆。如拉杆有拉紧装置者，应先拉紧拉杆，并在拱架落下后，再行浇筑。

（6）浇筑壳体结构应采取的措施。浇筑壳体结构时，为了不减低周边壳体的抗弯能力和经济效果，其厚度一定要准确，在浇筑混凝土时应严加控制。控制其厚度可采取如下措施：

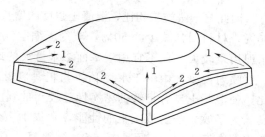

图 2-40　浇筑扁壳顺序示意图

1）选择混凝土坍落度时，按机械振捣条件进行试验，以保证混凝土浇筑时，在模板上，不致有坍流现象为原则。当周边壳体模板的最大坡度角大于 35°～40° 时，要用双层模板。

2）按壳体一定位置处的厚度，做好和壳体同强度等级的混凝土立方块，固定在模板上，沿着壳体的纵横方向，摆成 1～2m 间距的控制网，以保证混凝土的设计厚度。

3）按一半或整个薄壳断面各点厚度，做成几个厚度控制尺（见图 2-41）。在浇筑时以尺的上缘为准进行找平。浇筑后取出并补平。

4）用扁铁和螺栓制成的平尺来掌握厚度，平尺的各点支架高度可用螺栓杆调节（见图 2-42）。

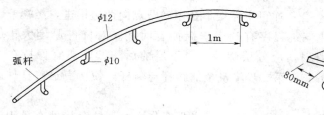

图 2-41　厚度控制尺

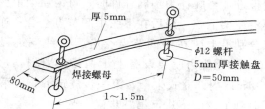

图 2-42　厚度控制平尺

5. 喷射混凝土浇筑

喷射混凝土的特点，是采用压缩空气进行喷射作业，将混凝土的运输和浇筑结合在同一个工序内完成。喷射混凝土有干法喷射和湿法喷射两种施工方法。一般大量用于大跨度空间结构（如网架、悬索等）屋面、地下工程的衬砌、坡面的护坡、大型构筑物的补强、矿山以及一些特殊工程。

干法喷射就是砂石和水泥经过强制式搅拌机拌和后，用压缩空气将干性混合料送入管道，再送到喷嘴里，在喷嘴里引入高压水，与干料合成混凝土，最终喷射到建筑物或构筑物上。干法施工比较方便，使用较为普遍。但由于干料喷射速度快，在喷嘴中与水拌和的时间短，水泥的水化作用往往不够充分。另外，由于机械和操作上的原因，材料的配合比和水灰比不易严格控制，因此混凝土的强度及匀质性不如湿法施工好。

湿法喷射就是在搅拌机中按一定配合比搅拌成混凝土混合料后，再由喷射机通过胶管从喷嘴中喷出，在喷嘴处不再加水。湿法施工由于预先加水搅拌，水泥的水化作用比较充分，因此与干法施工相比，混凝土强度的增长速度可提高约 100%，粉尘浓度减少约 50%～80%，材料回弹减少约 50%，节约压缩空气约 30%～60%。但湿法施工的设备比较复杂，水泥用量较大，也不宜用于基面渗水量大的地方。

喷射混凝土中由于水泥颗粒与粗骨料互相撞击，连续挤压，因而可采用较小的水灰比，使混凝土具有足够的密实性、较高的强度和较好的耐久性。

为了改善喷射混凝土的性能，常掺加占水泥重量 2.5%～4% 的高效速凝剂，一般可使水泥在 3min 内初凝，10min 达到终凝，有利于提高早期强度，增大混凝土喷射层的厚度，减少回弹损失。

喷射混凝土中加入少量（一般为混凝土重量 3%～4%）的钢纤维（直径 0.3～0.5mm，长度 20～30mm），能够明显提高混凝土的抗拉、抗剪、抗冲击和抗疲劳强度。

6. 现场预制构件浇筑

（1）浇筑方法。

1）屋架。预制钢筋混凝土屋架，外形尺寸大，杆件断面小，钢筋排列密，在节点与端头部分更密，混凝土多为高强度等级。为了保证安装质量，对铁件埋设位置要求准确，外形尺寸和杆件截面均应与设计尺寸相符，各杆件的中轴线须保持在同一水平面内。如为预应力时，预留孔道要准确留设。整榀屋架混凝土应一次浇成，不许留施工缝。屋架支模分平卧、平卧重叠和立式三种方式，其中以平卧生产在现场采用较广泛。平卧和平卧重叠的浇筑程序基本相同。从屋架一端开始以沿上下弦为主，包括腹杆齐头并进向屋架的另一端推进，当腹杆为预制杆件时，可由屋架上弦中间节点向两边推进，分别从上弦经端节点再沿屋架下弦，最后在下弦中间节点会合；亦可由屋架下弦中间节点向两边推进，经端节点分别沿上弦在中间节点会合，这种浇筑程序有利于掌握抽管时间。对杆件厚度大于30cm 和预应力屋架设有上下两排芯管时，应分层浇筑，上下层前后连续距离宜保持在3～4m 以内。立式生产，第一步浇筑下弦，第二步浇筑全部斜杆与竖杆，使所有这些杆件同时到上弦的下皮，第三步浇上弦。

2）柱。预制柱的构造特点是长度较长，分上柱和下柱两部分。上下柱交接处有挑出的牛腿，是柱中钢筋最密的地方。柱边往往有许多伸出的钢筋，以便与圈梁或墙体连接，其埋置标高必须准确，柱顶和牛腿面上有预埋铁板，要求埋设准确，以保证屋架和吊车梁的安装。柱子要求一次捣完，不允许留设施工缝。浇筑程序：从一端向另一端推进，分层浇筑时，每层厚度宜在 20～30cm 范围内。

3）吊车梁。吊车梁可卧式浇筑，亦可采用两根并列立式浇筑。在卧式生产中，浇捣非预应力吊车梁，可由一端开始向另一端推进。当浇捣预应力鱼腹式吊车梁时，由于下翼缘预埋芯管多，浇捣麻烦，宜从一端开始由两组分别以上下翼缘为主，向另一端推进。

（2）施工要点。

1）浇筑前应检查，模板尺寸要准确，支撑要牢靠；检查钢筋骨架有无歪斜、扭曲、结扎（点焊）松脱等现象；检查预埋件和预留孔洞的数量、规格、位置是否与设计图纸相符；如有问题，要及时处理改正。保护层垫块厚度要适当。做好隐蔽工程验收记录，并清除杂物。

2）混凝土在搅拌后应尽快地浇筑完毕，使混凝土能保持一定的工作度，以免操作困难。浇筑过程中要经常注意保持钢筋、埋件、螺栓孔以及预留孔道等位置的准确；浇筑时应根据构件的厚度一次或分层连续施工，应注意将模板四周各个节点处以及锚固铁板与混凝土之间捣实。

3）对于柱牛腿部位钢筋密集处，原则上要慢浇、轻捣、多捣，并可用带刀片的振动棒进行振实。对有芯模的四侧，也应注意对称下料振动，以防芯模因单侧压力过大而产生偏移。

4）预制腹杆的两端混凝土表面要凿毛，伸出的主筋，应有足够的锚固长度，伸入现浇混凝土构件内，浇筑前预制构件接触混凝土的面要充分湿润。采用预制腹杆拼装时，注意保证各个节点中线对中并在同一平面内。

5）平卧重叠生产，须待下一层预制构件的混凝土强度达到设计强度的30％以上时，方可涂刷隔离剂，进行上一层构件的支模、放钢筋及浇筑混凝土等工序，重叠高度一般不超过3～4层，并要防止下层已浇好的构件与上层侧模板之间的缝隙漏浆，避免拆除侧模后出现的蜂窝、麻面等情况。

6）立式浇筑过程中要经常检查模板及支撑的牢固，对各个节点的捣固工作要特别仔细。

7）浇筑完毕后，须将混凝土表面用铁板抹平压光。不足之处应用同样材料填补，不可用补砂浆的办法来修正构件表面尺寸。所有预制构件与后浇混凝土接触的表面均须做成毛面，在构件制作前尽可能考虑，否则在拆模后要及时凿毛处理。

8）梁端柱体预留孔洞，宜用钢管（或圆钢）作芯模，混凝土初凝前后将芯模拔出较为合适，抽出后再用钢丝刷将孔壁刷毛。混凝土浇筑后的初凝阶段内，芯模要经常转动，抽芯时以旋转向外抽为宜，以保证不缩孔、不坍落，芯模也易于抽出。

9）预应力屋架下弦预留孔道常采用钢管抽芯法。芯管长度不宜超过15m，两端应伸出构件50cm左右，并留有耳环或小孔，以便插入钢筋后可转动和抽拔芯管。芯管位置必须摆正，一般沿芯管方向每隔1m左右用钢筋网格加以卡定，以防浇捣过程中芯管产生挠曲或位移。从浇筑混凝土开始直至抽拔芯管前，应每隔5～15min将芯管转动一次，以免芯管与混凝土粘住而影响抽管，抽管时间要恰当掌握，一般在混凝土初凝后终凝前用手指轻摁表面而没有痕迹时即可抽管。抽管顺序如为双排时应先上后下，可用卷扬机或人工操作进行，抽管时应边转边抽，要求速度均匀、保持平直，因此需制备一定数量的马凳加以搁支。

10）采用胶皮管（胶囊）作芯管时，应根据孔道的数量和分布情况，配置相应形状的点焊钢筋网格，将胶皮管卡定，钢筋网格的间距应根据胶皮管的性能和管壁的厚薄确定，但不应大于50cm，曲线孔道宜加密，绑扎钢筋时钢丝头必须朝外，钢筋对焊接头的毛刺应磨平，以免刺破胶皮管。浇筑混凝土前应对胶皮管进行充气（或充水）试压，检查管壁以及两端封闭接头处是否渗漏。使用时胶皮管表面要涂润滑油，放入模板后进行充气，压强宜在 $0.7\sim0.8N/mm^2$，并应使压力保持稳定。浇筑过程中，应密切注意防止胶管位移，或由于充气压力变化而引起管径收缩。待构件浇筑完毕、混凝土初凝后终凝前即可放气抽出。放气抽管时间，一般4h左右，气温较低时可稍长一些。

第三章　实　训　项　目

项目一：水工混凝土原材料的选择

（一）教师教学指导参考（教学进程表）

水工混凝土原材料的选择教学进程表

学习任务	水工混凝土原材料的选择				
教学时间/学时	10		适用年级		综合实训

教学目标	知识目标	熟悉水工混凝土的材料组成，掌握砂、石子、水、水泥的质量要求			
	技能目标	按照混凝土原材料的质量要求，掌握测定砂、石子、水、水泥的方法与评定标准			
	情感目标	培养学生严肃认真、一丝不苟、理论联系实际、实事求是的工作作风，提高学生用辩证唯物主义观点认识问题、分析问题、解决问题的综合能力			

教学过程设计

时间/min	教学流程	教学法视角	教学活动	教学方法	媒介	重点
10	安全，防护教育	引起学生的重视	师生互动，检查	讲解	图片	使用仪器安全性
20	课程导入	激发学生的学习兴趣	布置任务，下发任务单，提出问题	项目教学引导文	图片，工具，材料	分组应合理，任务恰当，问题难易适当
30	学生自主学习	学生主动积极参与讨论及团队合作精神培养	根据提出的任务单及问题进行讨论，确定方案	项目教学，小组讨论	教材，材料，卡片	理论知识准备
25	演示	教师提问，学生回答	工具、设备的使用，规范的应用	课堂对话	设备，工具，施工规范	注重引导学生，激发学生的积极性
45	模仿（教师指导）	组织项目实施，加强学生动手能力	学生在实训基地完成材料的选择	个人完成，小组合作	设备，工具，施工规范	注意规范的使用
280	自己做	加强学生动手能力	学生分组完成任务	小组合作	设备，工具，施工规范	注意规范的使用，设备的正确操作
20	学生自评	自我意识的觉醒，有自己的见解，培养沟通、交流能力	检查操作过程，数据书写，规范应用的正确性	小组合作	施工规范，学生工作记录	学生检查时应操作步骤
20	学生汇报，教师评价，总结	学生汇报总结性报告，教师给予肯定或指正	每组代表展示实操成果并小结，教师点评与总结	项目教学，学生汇报，小组合作	投影，白板	注意对学生的表扬与鼓励

（二）实训准备

1. 仪器、工具准备

天平、方孔筛、摇筛机、浅盘、毛刷、混凝土拌和机、磅秤、坍落度筒、钢制捣棒、钢直尺、液压式万能试验机等。

2. 实训材料准备

实训每一小组（每一实训工位）需用材料如表 3-1。

表 3-1　　　　　　　　　　　每实训小组需用材料一览表

材 料 名 称	规 格	用 量/kg	备 注
砂	中砂	1	
碎石	5～40mm	5	
水泥	32.5MP	2	
水	自来水	5	

3. 实训资料准备

《水工混凝土施工规范》《水工混凝土试验规程》《水工混凝土砂石骨料试验规程》《水工混凝土掺用粉煤灰技术规范》。

4. 实训案例

某水电站采用挡水建筑物为面板堆石坝，面板混凝土强度等级为 C25，抗渗等级不低于 W10，抗冻等级为 F150。水泥采用普通硅酸盐水泥，水灰比不大于 0.5。坍落度控制在 3～7cm，含气量控制在 4%～6%。面板混凝土适当掺用引气剂等外加剂和粉煤灰等掺合料，以提高混凝土的密实性、抗裂性、抗渗性和耐久性。

面板混凝土采用二级配骨料，石料最大料径不大于 40mm，砂浆吸水率不大于 3%，含泥量不大于 2%，细度模数控制在 2.4～2.8。

面板采用单层双向钢筋，置于面板中部，每向配筋率为 0.3%～0.4%，在靠坝头岸边周边缝附近及受拉区，面板配筋率高于中部受压区面板的配筋率，并在该范围内的周边缝和垂直缝两侧设置抗挤压钢筋。

根据以上资料进行水工混凝土原材料的选择实训。

（三）实训步骤

1) 熟悉《水工混凝土施工规范》《水工混凝土试验规程》《水工混凝土砂石骨料试验规程》《水工混凝土掺用粉煤灰技术规范》。

2) 结合以上规范规程对实训案例中水工建筑物的混凝土材料要求进行分析。

3) 现场观察水，并完成实训任务单。

4) 对不同的水泥进行观察，测定水泥的密度（李氏瓶）、细度（负压筛法）、标准稠度（贯入法）、凝结时间及安定性，完成实训任务单。

5) 测定砂的表观密度、堆积密度、细度模数，完成实训任务单。

6) 对石料进行筛分，达到案例石料的要求，测定石料的压碎值与含泥量，完成实训任务单。

7) 现场观察粉煤灰和外加剂，完成实训任务单。

（四）质量要求

1）任务单填写完整、内容准确、书写规范。

2）各种材料的性能测定方法选用合理，操作步骤正确，仪器使用规范。

3）各小组自评要有书面材料，小组互评要实事求是。

（五）学生实训任务单

实训任务单 1

姓名：		班级：		指导教师：		总成绩：	
相关知识				评分权重 30%		成绩：	
1. 水工混凝土拌和与养护用水要求有哪些							
2. 水工混凝土拌制与养护用水指标有哪些							
实训知识				评分权重 20%		成绩：	
实训室水的外观描述							
考核验收				评分权重 30%		成绩：	
序号	项目		考核要求	检验方法	验收记录	分值	得分
1	量筒使用		正确	观察		30	
2	观察态度		积极参与、细心	观察		40	
3	判定水是否能用于案例中混凝土的拌制与养护		正确	检查		30	
实训质量检验记录及原因分析				评分权重 10%		成绩：	
实训质量检验记录			质量问题分析		防治措施建议		
实训心得				评分权重 10%		成绩：	

实训任务单 2

姓名：		班级：		指导教师：		总成绩：	
相关知识				评分权重 15%		成绩：	
1. 水工混凝土常用的水泥品种有哪些							
2. 普通硅酸盐水泥的成分有哪些							
3. 普通硅酸盐水泥的主要技术性能有哪些							

实训知识	评分权重 25%	成绩：
1. 水泥密度的测定方法、操作步骤与注意事项		
2. 水泥细度的测定方法、操作步骤与注意事项		
3. 水泥标准稠度的测定方法、操作步骤与注意事项		
4. 水泥凝结时间的测定方法、操作步骤与注意事项		
5. 水泥安定性的测定方法、操作步骤与注意事项		

考核验收					评分权重 40%	成绩：
序号	项目	考核要求	检验方法	验收记录	分值	得分
1	水泥密度测定	方法正确	观察、检查		2	
		操作步骤正确	观察		3	
		仪器使用规范	观察		2	
		测定数据准确	检查		3	
2	水泥细度的测定	方法正确	观察、检查		5	
		操作步骤正确	观察		5	
		仪器使用规范	观察		5	
		测定数据准确	检查		5	
3	水泥标准稠度的测定	方法正确	观察、检查		5	
		操作步骤正确	观察		5	
		仪器使用规范	观察		5	
		测定数据准确	检查		5	
4	水泥凝结时间的测定	方法正确	观察、检查		5	
		操作步骤正确	观察		5	
		仪器使用规范	观察		5	
		测定数据准确	检查		5	
5	水泥安定性的测定方法	方法正确	观察、检查		5	
		操作步骤正确	观察		5	
		仪器使用规范	观察		5	
		测定数据准确	检查		5	
6	判定实训水泥是否能用于案例中混凝土的拌制	正确	检查		5	
7	设备及材料的归位	作业面的清理，场地干净，设备清理	观察、检查		5	

实训质量检验记录及原因分析		评分权重 10%	成绩：
实训质量检验记录	质量问题分析	防治措施建议	
实训心得		评分权重 10%	成绩：

实训任务单 3

姓名：	班级：	指导教师：	总成绩：
相关知识		评分权重 25%	成绩：
1. 水工混凝土拌制用砂的种类及生产工艺			
2. 水工混凝土拌制用砂的粗细程度及颗粒级配的定义			
3. 砂的颗粒级配用什么表示？如何划分			
4. 砂的细度模数 M_x 的计算公式			
5. 水工混凝土拌制用砂（细骨料）的品质要求			
实训知识		评分权重 15%	成绩：
1. 水工混凝土拌制用砂含泥量的测定方法			
2. 水工混凝土拌制用砂细度模数的测定方法及步骤			
3. 水工混凝土拌制用砂细度模数测定使用的试验仪器有哪些			

考核验收					评分权重 40%	成绩：
序号	项目	考核要求	检验方法	验收记录	分值	得分
1	砂（细骨料）含泥量的测定	方法正确	观察、检查		5	
		操作步骤正确	观察		5	
		仪器使用规范	观察		5	
		测定数据准确	检查		5	
2	砂（细骨料）细度模数的测定	方法正确	观察、检查		20	
		操作步骤正确	观察		20	
		仪器使用规范	观察		20	
		测定数据准确	检查		20	
3	判定实训用砂（细骨料）是否能用于案例中混凝土的拌制	判定正确	检查		5	
4	设备及材料的归位	作业面的清理，场地干净，设备清理	观察、检查		5	

实训质量检验记录及原因分析		评分权重 10%	成绩：
实训质量检验记录	质量问题分析	防治措施建议	

实训心得	评分权重 10%	成绩：

实训任务单 4

姓名：		班级：		指导教师：			总成绩：	
相关知识				评分权重 15%			成绩：	
1. 水工混凝土对石料（粗骨料）的粒径有何要求								
2. 水工混凝土拌制用石料（粗骨料）的种类及生产工艺								
3. 水工混凝土对石料（粗骨料）的品质要求有哪些								
实训知识				评分权重 15%			成绩：	
1. 水工混凝土拌制用的石料（粗骨料）含泥量的测定方法								
2. 水工混凝土拌制用的石料（粗骨料）的压碎指标的测定方法及仪器有哪些								
3. 水工混凝土拌制用的石料（粗骨料）的压碎指标的测定方法及步骤								

考核验收						评分权重 40%	成绩：	
序号	项目		考核要求	检验方法		验收记录	分值	得分
1	石料（粗骨料）含泥量的测定		方法正确	观察、检查			10	
			操作步骤正确	观察			10	
			仪器使用规范	观察			10	
			测定数据准确	检查			10	
2	石料（粗骨料）的压碎指标的测定		方法正确	观察、检查			10	
			操作步骤正确	观察			10	
			仪器使用规范	观察			10	
			测定数据准确	检查			10	
3	判定实训石料（粗骨料）是否能用于案例中混凝土的拌制		判定正确	检查			10	
4	设备及材料的归位		作业面的清理，场地干净，设备清理	观察、检查			10	

实训质量检验记录及原因分析		评分权重 10%		成绩：	
实训质量检验记录		质量问题分析		防治措施建议	
实训心得		评分权重 20%		成绩：	

实训任务单 5

姓名：	班级：	指导教师：	总成绩：

相关知识	评分权重20%	成绩：

1. 水工混凝土拌制常用的外加剂有哪些	
2. 水工混凝土拌制常用的掺合料有哪些	

实训知识	评分权重15%	成绩：

1. 外加剂的存放要求	
2. 外加剂如何使用	
3. 掺合料产品合格证里的内容	

考核验收				评分权重45%	成绩：

序号	项目	考核要求	检验方法	验收记录	分值	得分
1	实训室有哪些外加剂	准确	检查		10	
2	实训室现有外加剂的性能描述	描述基本正确	检查		10	
3	实训室有哪些掺合料	准确	检查		10	
4	实训室现有掺合料的性能描述	描述基本正确	检查		10	
5	观察态度	积极参与、细心	观察		40	
6	判定实训室现有的外加剂是否能用于案例中混凝土的拌制	正确	检查		10	
7	判定实训室现有的掺合料是否能用于案例中混凝土的拌制	正确	检查		10	
8	设备及材料的归位	作业面的清理，场地干净，设备清理	观察、检查		5	

实训质量检验记录及原因分析		评分权重10%	成绩：

实训质量检验记录	质量问题分析	防治措施建议

实训心得	评分权重10%	成绩：

实训室有哪些外加剂	
实训室现有外加剂的性能描述	
实训室有哪些掺合料	
实训室现有掺合料的性能描述	
判定实训室现有的外加剂是否能用于案例中混凝土的拌制	
判定实训室现有的掺合料是否能用于案例中混凝土的拌制	

项目二：水工混凝土配合比设计

（一）教师教学指导参考（教学进程表）

水工混凝土配合比设计教学进程表

学习任务		水工混凝土配合比设计			
教学时间/学时		6	适用年级		综合实训
教学目标	知识目标	熟悉混凝土配合比的设计过程，根据用料的含水率调整施工配合比			
	技能目标	按照要求配制工程所需的混凝土			
	情感目标	实训课程的目的是使学生掌握建筑材料实验的基本知识和基本技能，培养学生严肃认真、一丝不苟、理论联系实际、实事求是的工作作风，提高学生用辩证唯物主义观点认识问题、分析问题、解决问题的综合能力			

教学过程设计

时间/min	教学流程	教学法视角	教学活动	教学方法	媒介	重点
10	安全，防护教育	引起学生的重视	师生互动，检查	讲解	图片	使用仪器安全性
20	课程导入	激发学生的学习兴趣	布置任务，下发任务单，提出问题	项目教学引导文	图片，工具材料	分组应合理，任务恰当，问题难易适当
30	学生自主学习	学生主动积极参与讨论及团队合作精神培养	根据提出的任务单及问题进行讨论，确定方案	项目教学小组讨论	教材，材料卡片	理论知识准备
25	演示	教师提问，学生回答	工具、设备的使用，规范的应用	课堂对话	设备，工具，施工规范	注重引导学生，激发学生的积极性
45	模仿（教师指导）	组织项目实施，加强学生动手能力	学生在实训基地完成材料的选择	个人完成小组合作	设备，工具，施工规范	注意规范的使用
90	自己做	加强学生动手能力	学生分组完成任务	小组合作	设备，工具，施工规范	注意规范的使用，设备的正确操作
20	学生自评	自我意识的觉醒，有自己的见解，培养沟通、交流能力	检查操作过程，数据书写，规范应用的正确性	小组合作	施工规范学生工作记录	学生检查时应操作步骤
20	学生汇报，教师评价，总结	学生汇报总结性报告，教师给予肯定或指正	每组代表展示实操成果并小结，教师点评与总结	项目教学，学生汇报，小组合作	投影，白板	注意对学生的表扬与鼓励

（二）实训准备

1. 仪器、工具准备

混凝土拌和机、万能试验机（见图3-1）、混凝土试模（见图3-2）、磅秤、坍落度筒

（见图 3-3）、钢制捣棒、钢直尺等。

图 3-1　万能试验机　　　　图 3-2　混凝土试模　　　　图 3-3　坍落度筒

2. 实训材料准备

实训每一小组（每一实训工位）需用材料如表 3-2。

表 3-2　　　　　　　　　　　每实训小组需用材料一览表

材　料　名　称	规　　格	用量/kg	备　　注
砂	中砂	10	
碎石	5~40mm	20	
水泥	32.5MP	10	
水	自来水	15	

3. 实训案例

本次实训制作钢筋混凝土构件，混凝土强度采用 C20，混凝土位于寒冷地区，年冻融循环次数小于 100，混凝土坍落度要求 55~70mm，未添加掺合料，钢筋采用 Φ6，采用 32.5 级普通硅酸盐水泥，粗骨料采用卵石，其中：$\rho_c=3000\text{kg/m}^3$，$\rho_w=1000\text{kg/m}^3$，$\rho_s=\rho_g=2650\text{kg/m}^3$。

（三）实训步骤

1. 根据案例要求计算理论配合比

1）确定混凝土配制强度。

2）计算水灰比（计算水灰比、验证耐久性）。

3）确定每立方米的混凝土的用水量。

4）计算每立方米的混凝土的水泥用量（计算水泥用量、验证耐久性）。

5）选择砂率。

6）计算砂石用量。

2. 试配、提出基准配合比

1）试配时采用计算配合比，拌制 15L 混凝土拌和物。

2）检验及调整混凝土拌和物性能（检验黏聚性、保水性）。

3）提出基准配合比（理论配合比经过试配、调整后，确定基准配合比）。

3．检验强度，确定试验室配合比

1）强度检验。根据已确定的基准配合比，另外进行两个水灰比较基准配合比分别增加和减少 0.05 的配合比的混凝土强度试验，用水量与基准配合比相同，砂率分别增加和减少 1％，每个配合比都试拌 15L 混凝土拌和物，经观察黏聚性和保水性均良好，根据混凝土 28d 强度试验结果，用作图法求出与混凝土配制强度相对应的灰水比关系曲线图，由图可知相应于配制强度（案例要求）的灰水比值为多少。

2）确定实验室配合比。根据强度试验结果确定每立方米混凝土的材料用量。经强度确定后的配合比还应按表观密度进行校正。

4．换算施工配合比

按照施工现场测得的砂、石含水率，再计算施工配合比。

（四）质量要求

1）任务单填写完整、内容准确、书写规范。

2）计算过程要详细。

3）混凝土强度试验操作步骤正确，仪器使用规范。

4）各小组自评要有书面材料，小组互评要实事求是。

（五）学生实训任务单

实训任务单 1

姓名：		班级：		指导教师：		总成绩：
相关知识				评分权重 15％		成绩：
1. 普通混凝土的组成材料与各自的技术要求						
2. 混凝土拌和物和易性的检验方法						
3. 混凝土强度检验方法						
实训知识				评分权重 15％		成绩：
1. 根据案例、材料性质如何计算理论配合比						
2. 按照理论配合比进行混凝土的试配应注意的事项有哪些						
3. 如何提出基准配合比						
4. 如何确定实验室配合比						
5. 施工配合比如何计算						
6. 混凝土试块的制作注意事项有哪些						
7. 混凝土试块的养护的设备及要求						

考核验收				评分权重50%	成绩：	
序号	项目	要求及允许偏差	检验方法	验收记录	分值	得分
1	正确选择试验仪器	全部正确	检查		5	
2	选择合理的试验材料	全部正确	检查		5	
3	计算理论配合比	计算正确	观察、检查		10	
4	按照理论配合比试配，称量各种材料用量	计算准确称量精确（水泥、水 ± 0.3%，骨料 ±0.5%）	观察、检查		5	
5	用混凝土搅拌机拌和，注意加料顺序	按照石子、水泥、砂子、水一次加料，拌和 2～3min	观察、检查		5	
6	混凝土拌和物和易性检验（坍落度试验）	除了坍落度外，还需要目测：坍度、黏聚性、含砂情况、析水情况	观察、检查		5	
7	根据坍落度试验调整、提出基准配合比	调整理由、依据	问答、观察、检查		10	
8	按照基准配合比试配、成型、养护	试模规格、养护方法	观察、检查		10	
9	混凝土抗压强度试验	试验方法正确，计录、计算准确	观察、检查		10	
10	根据强度试验结果，绘制强度与水灰比的关系图，确定案例要求强度所对应的水灰比，确定实验室配合比	绘图准确选择依据明确	问答、观察、检查		10	
11	测量现场骨料含水率	检测方法得当结果准确	观察、检查		5	
12	根据现场骨料情况计算施工配合比	计算准确	观察、检查		10	
13	任务单2填写	完整，正确	检查		5	
14	设备及材料的归位	作业面的清理，场地干净，设备清理	观察、检查		5	
实训质量检验记录及原因分析				评分权重10%	成绩：	
实训质量检验记录		质量问题分析		防治措施建议		
实训心得				评分权重10%	成绩：	

实训任务单 2

混凝土配合比通知单 _____标　　　　　编号:_____			成绩		
			验收记录	分值	得分
施工单位					
理论配合比 /(kg·m⁻³)	水泥:砂子:碎石			20	
水灰比				10	
施工配合比 /(kg·m⁻³)	水泥:砂子:碎石			20	
搅拌机用量比				10	
砂含水率/%	碎石含水率/%			20	
水泥品种编号	减水剂品种				
施工日期				10	
承包商质检负责人签字				5	
现场监理签字				5	

实训任务单 3

混凝土配合比计算过程	
混凝土和易性测定及试拌调整	
混凝土施工配合比计算	

项目三：水 工 混 凝 土 配 料

（一）教师教学指导参考（教学进程表）

水工混凝土配料教学进程表

学习任务		水工混凝土配料		
教学时间/学时		2	适用年级	综合实训

教学目标	知识目标	让学生理解配料的关键是骨料、水泥、水、外加剂的配合比要准确。混凝土拌和必须按照试验部门签发并经审核的混凝土配料单进行配料，严禁擅自更改
	技能目标	掌握按施工配合比进行混凝土配料的关键环节，熟悉常用的配料称量器具的使用
	情感目标	通过实训，培养学生严格的工作作风

教学过程设计

时间/min	教学流程	教学法视角	教学活动	教学方法	媒介	重点
10	安全，防护教育	引起学生的重视	师生互动，检查	讲解	图片	使用仪器安全性
10	课程导入	激发学生的学习兴趣	布置任务，提出问题	项目教学引导文	图片，工具，材料	分组应合理，任务恰当，问题难易适当
5	演示	教师提问，学生回答	工具、设备的使用，规范的应用	课堂对话	设备，工具，施工规范	注重引导学生，激发学生的积极性
30	模仿学生分组实训（教师指导）	学生主动积极参与实训及团队合作精神培养	根据布置的任务及教师的演示，学生在实训基地完成配料	项目教学，小组讨论	教材，材料，工具，卡片	理论知识准备
20	学生自评	自我意识的觉醒，有自己的见解，培养沟通、交流能力	检查操作过程，数据书写，规范应用的正确性	小组合作	施工规范，学生工作记录	学生检查时应操作步骤
15	学生汇报，教师评价，总结	学生汇报总结性报告，教师给予肯定或指正	每组代表展示实操成果并小结，教师点评与总结	项目教学，学生汇报，小组合作	投影，白板	注意对学生的表扬与鼓励

（二）实训准备

1. 仪器、工具准备

机械台秤（见图 3-4）、电子台秤（见图 3-5）、中号磁盘、水桶、混凝土拌盘等

图 3-4　机械台秤　　　　　　　图 3-5　电子台秤

2. 实训材料准备

实训每一小组（每一实训工位）需用材料如表 3-3。

表 3-3　　　　　　　　　　每实训小组需用材料一览表

材　料　名　称	规　　格	用量/kg	备　　注
砂	中砂	5	
碎石	5～40mm	10	
水泥	32.5MP	2	
水	自来水	5	

3. 实训案例

某水利工程位于寒冷地区，修建时混凝土施工配合比（按质量）为：水泥：砂子：石子：水＝1：0.45：1.6：3.9，石子组合比为：大石：中石：小石＝4：3：3，试进行混凝土配料实训。

（三）实训步骤

1）取水泥 1kg 称量，检查偏差。

2）按施工配合比，取砂称量，检查偏差。

3）粗骨料进行筛分，按大石、中石、小石分别进行称量，并进行检查。

4）按施工配合比，取水称量，检查偏差。

（四）质量要求

混凝土原材料的称量偏差应符合规范要求。

（五）学生实训任务单

实训任务单

姓名：	班级：	指导教师：	总成绩：
相关知识		评分权重15%	成绩：
1. 大型工地常用混凝土配料设备			
2. 配料单填写的要求			
实践知识		评分权重15%	成绩：
1. 施工现场水泥袋装与散装的称量方法			
2. 施工现场外加剂如何使用			
3. 台秤的使用步骤			

考核验收				评分权重60%	成绩：	
序号	项目	要求及允许偏差	检验方法	验收记录	分值	得分
1	正确使用试验仪器	全部正确	检查		20	
2	称量水泥	称量准确	观察、检查		10	
3	称量砂	称量准确	观察、检查		10	
4	按要求对粗骨料进行筛分	步骤正确	观察、检查		10	
5	称量石子	称量准确	观察、检查		20	
6	称量水	称量准确	观察、检查		10	
7	设备及材料的归位	作业面的清理，场地干净，设备清理	观察、检查		20	

实训质量检验记录及原因分析		评分权重10%	成绩：
实训质量检验记录	质量问题分析	防治措施建议	

实训心得	评分权重10%	成绩：

项目四：水工混凝土施工机械实训

（一）教师教学指导参考（教学进程表）

水工混凝土施工机械实训教学进程表

学习任务		水工混凝土施工机械实训				
教学时间/学时		6		适用年级		综合实训
教学目标	知识目标	熟悉各种水工混凝土施工机械设备，根据施工要求选择混凝土施工机械设备				
	技能目标	按照施工要求进行混凝土施工机械设备的布置及实际操作				
	情感目标	学习实训课程的目的是使学生掌握混凝土施工机械实际操作的基本知识和基本技能，培养学生严肃认真、一丝不苟、理论联系实际、实事求是的工作作风，提高学生用辩证唯物主义观点认识问题、分析问题、解决问题的综合能力				

教学过程设计

时间/min	教学流程	教学法视角	教学活动	教学方法	媒介	重点
10	安全，防护教育	引起学生的重视	师生互动，检查	讲解	图片	使用机械设备安全性
20	课程导入	激发学生的学习兴趣	布置任务，下发任务单，提出问题	项目教学引导文	图片，工具，材料	分组应合理，任务恰当，问题难易适当
30	学生自主学习	学生主动积极参与讨论及团队合作精神培养	根据提出的任务单及问题进行讨论，确定方案	项目教学，小组讨论	教材，材料，卡片	理论知识准备
25	演示	教师提问，学生回答	工具、机械设备的使用；规范的应用	课堂对话	施工机械设备，工具施工规范	注重引导学生、激发学生的积极性
45	模仿（教师指导）	组织项目实施，加强学生动手能力	学生在实训基地完成机械设备的实际操作	个人完成，小组合作	施工机械设备，工具，施工规范	注意规范的使用
90	自己做	加强学生动手能力	学生分组完成施工机械的布置任务	小组合作	施工机械设备，工具，施工规范	注意规范的使用，设备的正确操作
20	学生自评	自我意识的觉醒，有自己的见解，培养沟通、交流能力	检查操作过程，数据书写，规范应用的正确性	小组合作	施工规范，学生工作记录	学生检查时应操作步骤
(20)	学生汇报，教师评价，总结	学生汇报总结性报告，教师给予肯定或指正	每组代表展示实操成果并小结，教师点评与总结	项目教学，学生汇报，小组合作	投影，白板	注意对学生的表扬与鼓励

（二）实训准备

1．水工混凝土施工机械实训机械设备准备

1）混凝土搅拌机（见图3-6），JZC350锥形自落式混凝土搅拌机，转速为18～22r/min。

2）插入式振捣器（见图3-7）。

3）手推车。

4）电动抹光机（见图3-8）。

5）混凝土路面切割机（见图3-9）。

图3-6　混凝土搅拌机

图3-7　插入式振捣器

图3-8　电动抹光机

图3-9　混凝土路面切割机

2．水工混凝土施工机械实训材料准备

实训每一小组（每一实训工位）需用材料如表3-4。

表3-4　　　　　　　　　　　　每实训小组需用材料一览表

材 料 名 称	规　　格	用量/kg	备　　注
砂	中砂	20	
碎石	5～40mm	100	
水泥	32.5MP	30	
水	自来水	50	

水泥、砂、石等各种材料符合以下要求。

1）水泥：水泥的品种、标号、厂别及牌号应符合混凝土配合比通知单的要求。水泥应有出厂合格证及进场试验报告。

2）砂：砂的粒径及产地应符合混凝土配合比通知单的要求。

3）石子（碎石或卵石）：石子的粒径、级配及产地应符合混凝土配合比通知单的要求。

4）水：宜采用饮用水。其他水，其水质必须符合 JGJ 63—89《混凝土拌和用水标准》的规定。

3．实训案例

（1）水工混凝土施工机械选择实训案例。某水利工程为碾压混凝土重力坝（见图 3-10），共分 6 个坝段；在溢流坝段下游 2048m 高程布置一台 10/25t 塔机辅助浇筑和金属结构安装工作。碾压混凝土通仓浇筑，大坝永久伸缩缝（横缝）采用 HZQ—65 型切缝机切缝，以先切后碾的方式成缝；常态混凝土分坝段浇筑。通过比较混凝土浇筑入仓强度和施工进度、浇筑工艺的关系，确定左岸两个重力坝段为一个通仓，最大仓面为 1357m²；右岸一个重力坝段加中孔坝段为一个通仓，最大仓面为 1506m²；两个溢流坝段为一个通仓，最大仓面为 1348m²。混凝土施工方法如下：

1）混凝土拌制：由仓面控制，选用两座 HL75—2Q1000 混凝土拌和楼搅拌混凝土，一座混凝土拌和楼理论生产率为 75m³/s。

2）混凝土运输：2059m 高程以下混凝土，利用原民门公路，采用汽车直接入仓卸料，平均运距 0.5km，约占大坝混凝土总量的 74%，常态混凝土采用 6m³ 混凝土搅拌车运输，碾压混凝土配 15t 自卸汽车运输。2059～2072.3m 高程之间混凝土，约占大坝混凝土总量的 23%，左岸两个重力坝段均为碾压混凝土，利用左岸的上坝公路，15t 自卸汽车运输 0.5km 至左坝肩，负压真空溜槽入仓。溢流坝段、中孔坝段和右岸重力坝段碾压混凝土和常态混凝土均采用 15t 自卸汽车配 2.5m³ 吊罐运输 0.5km 至右岸，塔机吊运入仓。2072.3m 高程以上混凝土，约占大坝混凝土总量的 3%，利用左岸的上坝公路，根据需要在仓面设置栈桥，混凝土运输方式和运距同 2059m 高程以下混凝土。

3）混凝土摊铺：常态混凝土按常规施工入仓、振捣；碾压混凝土采用 RCC 施工工艺，采用推土机平仓，装载机辅助平仓，平仓厚度 34cm 左右，一次平仓。通仓浇筑在正常情况下，采取 30cm 厚薄层连续碾压，连续上升方式；基础约束区采取 1.5m 浇筑层厚，上部混凝土采用 3m 浇筑层厚。

4）碾压：碾压混凝土采用振动碾分条带进行碾压，在大仓面铺料施工时，采用"平移错辙法"碾压；对宽度小铺料仓面，可用"往返错辙法"碾压。错辙宽度为 10～20cm，各相邻碾压条带的结合部位，应重叠碾压 20cm 左右，碾压程序：先无振碾压 2 遍，后有振碾压 8 遍，最后无振碾压 2 遍，靠近边缘、角落部位铺料厚度宜减薄，用手扶式 BW—75S 型振动碾碾压（上述碾压遍数应通过生产性现场试验论证）。

5）施工层面处理：混凝土以拌和机出口装车、运输，上坝卸料、平仓、碾压完毕，到新一层混凝土铺料，平仓覆盖完，其时间在初凝时间之内，则不作处理，超出初凝时间，则需作层面刷毛铺浆等处理。初凝时间视气温不同为 6～10h。具体需进行现场试验。本工程拟用 SM400/800 型刷毛机进行大面积刷毛，靠近模板边角部位，用 S—15 小型刷毛机刷毛，个别低凹部位及边缘死角，配以人工齿毛。随后用高压水冲洗缝面。为确保层间结合的质量，在上层混凝土浇筑之前，铺上一层 1.0～1.5cm 厚的水泥砂浆、水泥粉煤灰浆或细石混凝土，具体采用哪种层间结合方法，将由现场碾压试验确定。

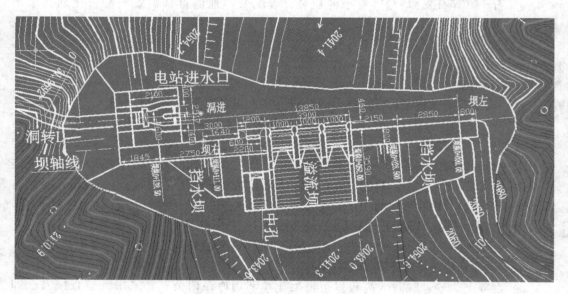

图 3-10　碾压混凝土重力坝平面图

（2）水工混凝土施工机械使用实训案例。根据实训室条件，选出一低于地面 0.3m，面积不小于 2m² 的场地，进行混凝土施工机械使用实训。

（三）实训步骤

1. 水工混凝土施工机械选择实训步骤

1）以小组为单位熟悉案例。

2）根据《水工混凝土施工规范》及《水工碾压混凝土施工规范》判定案例采用的混凝土施工机械是否合理。

3）完成实训任务单。

2. 水工混凝土施工机械使用实训步骤

1）熟悉实训使用施工机械设备的安全操作规程，做好安全防护措施。

2）小组分工，明确自己的工作任务。

3）混凝土拌制机械、振捣器、电动抹光机、手推车、铁锹准备。混凝土浇筑仓准备。

4）按项目二计算的施工配合比进行配料。

5）上料。

6）搅拌。

7）出料。

8）混凝土运输。

9）混凝土浇筑。混凝土浇筑按以下步骤进行：①场地清理，模板架设；②混凝土入仓，不得将手推车推入仓内，注意安全；③使用插入式振捣器进行平仓并进行振捣；④使用电动抹光机进行抹光。

10）养护。混凝土养护应有专人负责，并应作好养护记录。

11）使用混凝土路面切割机进行切缝。

（四）质量要求

1）严格按施工配合比称量材料，使混凝土各组分称量控制在允许偏差范围内。

2）使用的混凝土施工机械设备操作符合安全规程。

3）浇筑前应检查模板支设是否符合要求且安全可靠。

4）按照正确浇筑顺序进行浇筑，合理布置振捣点。

5）任务单填写完整、内容准确、书写规范。

6）各小组自评要有书面材料，小组互评要实事求是。

（五）学生实训任务单

实训任务单 1

姓名：		班级：		指导教师：		总成绩：	
相关知识				评分权重 30%		成绩：	
1. 常用的混凝土施工机械和设备有哪些							
2. 选 3～5 个常用的混凝土施工机械描述其性能							
实训知识				评分权重 20%		成绩：	
1. 案例中采用的混凝土施工机械和设备有哪些							
2. 混凝土拌和楼类型							
3. 碾压混凝土施工采用的施工机械有哪些							
4. 水利工程施工中如何选择混凝土施工机械和设备							

考核验收				评分权重 30%		成绩：	
序号	项目	考核要求	检验方法	验收记录		分值	得分
1	学习态度	积极参与、细心	观察			50	
2	判定案例中混凝土施工机械选择是否合理	正确，书面材料	检查			50	

实训质量检验记录及原因分析		评分权重 10%		成绩：
实训质量检验记录	质量问题分析	防治措施建议		

实训心得	评分权重 10%	成绩：

实训任务单 2

姓名：	班级：	指导教师：		总成绩：
相关知识			评分权重 20%	成绩：
1. 自落式搅拌机的安全操作规程				
2. 插入式振捣器的安全操作规程				
3. 电动抹光机的安全操作规程				
4. 混凝土切缝机的安全操作规程				
实训知识			评分权重 35%	成绩：
1. 搅拌时间如何确定				
2. 搅拌鼓筒的转速如何选择				
3. 手推车使用注意事项				
4. 插入式振捣器的使用				
5. 电动抹光机的使用				
6. 混凝土切缝机的使用				
7. 按照混凝土施工进行混凝土施工机械设备的布置				

考核验收				评分权重 35%		成绩：
序号	项目	考核要求	检验方法	验收记录	分值	得分
1	准确认识机械设备	认识准确	观察		10	
2	搅拌机操作	操作步骤正确符合安全规程	观察		15	
3	插入式振捣器操作	操作步骤正确符合安全规程	观察		15	
4	电动抹光机操作	操作步骤正确符合安全规程	观察		15	
5	混凝土切缝机操作	操作步骤正确符合安全规程	观察		15	
6	按照施工要求进行混凝土简单施工	工艺流程正确	观察		10	
7	设备及材料的归位	作业面的清理，场地干净，设备清理	观察、检查		20	

实训质量检验记录及原因分析		评分权重 10%	成绩：
实训质量检验记录	质量问题分析	防治措施建议	

实训心得	评分权重 10%	成绩：

项目五：水工混凝土拌制与检测

（一）教师教学指导参考（教学进程表）

水工混凝土拌制与检测教学进程表

学习任务		水工混凝土拌制与检测			
教学时间/学时		6	适用年级		综合实训

教学目标	知识目标	掌握水工混凝土的拌制与检测			
	技能目标	按照施工配合比进行混凝土的拌和并进行检测			
	情感目标	学习实训课程的目的是使学生掌握混凝土拌制的实际操作的基本知识和基本技能，培养学生严肃认真、一丝不苟、理论联系实际、实事求是的工作作风，提高学生用辩证唯物主义观点认识问题、分析问题、解决问题的综合能力			

教学过程设计

时间/min	教学流程	教学法视角	教学活动	教学方法	媒介	重点
10	安全，防护教育	引起学生的重视	师生互动，检查	讲解	图片	使用设备安全性
20	课程导入	激发学生的学习兴趣	布置任务，下发任务单，提出问题	项目教学，引导文	图片，工具，材料	分组应合理，任务恰当，问题难易适当
30	学生自主学习	学生主动积极参与讨论及团队合作精神培养	根据提出的任务单及问题进行讨论，确定方案	项目教学，小组讨论	教材，材料，卡片	理论知识准备
25	演示	教师提问，学生回答	工具、设备的使用，规范的应用	课堂对话	设备，工具，施工规范	注重引导学生，激发学生的积极性
45	模仿（教师指导）	组织项目实施，加强学生动手能力	学生在实训基地完成设备的实际操作	个人完成，小组合作	设备，工具，施工规范	注意规范的使用
90	自己做	加强学生动手能力	学生分组完成施工机械的布置任务	小组合作	设备，工具，施工规范	注意规范的使用，设备的正确操作
20	学生自评	自我意识的觉醒，有自己的见解，培养沟通，交流能力	检查操作过程，数据书写，规范应用的正确性	小组合作	施工规范，学生工作记录	学生检查时应操作步骤
(20)	学生汇报，教师评价，总结	学生汇报总结性报告，教师给予肯定或指正	每组代表展示实操成果并小结，教师点评与总结	项目教学，学生汇报，小组合作	投影，白板	注意对学生的表扬与鼓励

（二）实训准备

1．工具、设备准备

1）施工机具：混凝土搅拌机、磅秤、坍落度筒、手推车、插入式振捣器、砂浆称量器等。

2）辅助机具：2m刮杠、木抹子、尺子、灰桶、线绳、铁锹、铁耙、棒式温度计或酒精温度计等。

2．材料准备

实训每一小组（每一实训工位）需用材料见表3-5。

表3-5　　　　　　　　　　　每实训小组需用材料一览表

材　料　名　称	规　　格	用量/kg	备　　注
砂	中砂	5	
碎石	5～40mm	10	
水泥	32.5MP	2	
水	自来水	5	

水泥、砂、石等各种材料符合以下要求。

1）水泥：水泥的品种、标号、厂别及牌号应符合混凝土配合比通知单的要求。水泥应有出厂合格证及进场试验报告。

2）砂：砂的粒径及产地应符合混凝土配合比通知单的要求。

3）石子（碎石或卵石）：石子的粒径、级配及产地应符合混凝土配合比通知单的要求。

4）水：宜采用饮用水。其他水，其水质必须符合JGJ 63—89《混凝土拌和用水标准》的规定。

5）外加剂：所用混凝土外加剂的品种、生产厂家及牌号应符合配合比通知单的要求，外加剂应有出厂质量证明书及使用说明。国家规定要求认证的产品，还应有准用证件。

3．现场准备

1）浇筑混凝土层段的模板、钢筋、预埋铁件及管线等全部安装完毕并验收合格。

2）浇筑混凝土用架子及走道已支搭完毕，运输道路及车辆准备完成，经检查合格。

3）与浇筑面积匹配的混凝土工及振捣棒数量。

4）电子计量器经检查衡量准确、灵活，振捣器（棒）经检验试运转正常。

5）混凝土浇筑令已签发。

6）做好防雨措施。

4．实训案例

某水利工程修建时，1m³混凝土施工配合为水泥：水：砂子：石子＝1：0.45：2.5：3.9，石子组合比为大石：中石：小石＝4：3：3，试进行混凝土拌制实训。

（三）实训步骤

1．施工工艺流程

作业准备→材料计量→搅拌→运输→混凝土浇筑、振捣→拆模及养护→强度检验。

2. 实训步骤

1）小组分工，明确自己的工作任务。

2）投料前配合比的调整。根据试验室已下达的混凝土配合比通知单，并将其转换为每盘实际使用的施工配合比，并公布于搅拌配料地点的标牌上。

3）每台班开始前，对搅拌机及上料设备进行检查并试运转；对所用计量器具进行检查；校对施工配合比；对所用原材料的规格、品种、产地、牌号及质量进行检查，并与施工配合比进行核对；对砂、石的含水率进行检查，如有变化，及时通知试验人员调整用水量。一切检查符合要求后，方可开盘拌制混凝土。

3. 配料

1）砂、石：用手推车上料时，必须车车过磅，卸多补少。砂、石计量的允许偏差应不大于±3%。

2）水泥：搅拌时采用袋装水泥时，对每批进场的水泥应抽查10袋的重量，并计量每袋的平均实际重量。小于标定重量的要开袋补足，水泥计量的允许偏差应不大于±2%。

3）外加剂及混合料：对于粉状的外加剂和混合料，应按施工配合比每盘的用料，预先在外加剂和混合料存放的仓库中进行计量，并以小包装运到搅拌地点备用。液态外加剂要随用随搅拌，并用比重计检查其浓度，用量桶计量。外加剂、混合料的计量允许偏差应不大于±2%。

4）水：水必须盘盘计量，其允许偏差应不大于±2%。

4. 上料

现场拌制混凝土，一般是计量好的原材料先汇集在上料斗中，经上料斗进入搅拌筒。水及液态外加剂经计量后，在往搅拌筒中进料的同时，直接进入搅拌筒。原材料汇集入上料斗的顺序如下：

1）当无外加剂、混合料时，依次进入上料斗的顺序为石子、水泥、砂。

2）当掺混合料时，其顺序为石子、水泥、混合料、砂。

3）当掺干粉状外加剂时，其顺序为石子、水泥、砂子、外加剂。

5. 搅拌要求

1）混凝土拌制前，应先加水使搅拌筒空转数分钟，搅拌筒被充分湿润后，将剩余积水倒净。

2）搅拌第一盘时，由于砂浆粘筒壁而损失，因此，石子的用量应按配合比减半。

3）从第二盘开始，按给定的配合比投料。

6. 搅拌时间及出料

1）混凝土搅拌的最短时间应按表3-6控制。

表3-6　　　　　　　　　　　　混凝土搅拌的最短时间　　　　　　　　　　　　单位：s

混凝土坍落度/mm	搅拌机型式	搅拌机出料量/L		
		<250	250~500	>500
≤30	强制式	60	90	120
	自落式	90	120	150

混凝土坍落度/mm	搅拌机型式	搅拌机出料量/L		
		<250	250～500	>500
>30	强制式	60	60	90
	自落式	90	90	120

注 1. 混凝土搅拌的最短时间系指自全部材料装入搅拌筒中起，到开始卸料止的时间。

2. 当掺有外加剂时，搅拌时间应适当延长。

3. 冬期施工时搅拌时间应取常温搅拌时间的1.5倍。

2）出料：出料时，先少许出料，目测拌和物的外观质量，如目测和格方可出料。每盘混凝土拌和物必须出尽并用手推车运送至浇筑地点。

7. 混凝土拌制的质量检查

1）检查拌制混凝土所用原材料的品种、规格和用量，每一个工作班至少两次。

2）检查混凝土的坍落度及和易性，每一工作班至少两次。混凝土拌和物应搅拌均匀、颜色一致，具有良好的流动性、黏聚性和保水性，不泌水、不离析。不符合要求时，应查找原因，及时调整。

3）在每一工作班内，当混凝土配合比由于外界影响有变动时（如下雨或原材料有变化），应及时检查。

4）混凝土的搅拌时间应随时检查。

5）混凝土试块的留置

根据GB 50204—2002《混凝土结构工程施工质量验收规范》的规定，混凝土结构工程施工应按规定留置标准养护混凝土强度试块。混凝土强度试件应在混凝土的浇筑地点随机抽取。取样与试件留置应符合下列规定：① 每拌制100盘且不超过100m³的同配合比的混凝土，取样不得少于一次；② 每工作班拌制的同一配合比的混凝土不足100盘时，取样不得少于一次；③ 当一次连续浇筑超过1000m³时，同一配合比的混凝土每200m³取样不得少于一次；④ 每一楼层、同一配合比的混凝土，取样不得少于一次；⑤ 每次取样应至少留置一组标准养护试件，同条件养护试件的留置组数应根据实际需要确定。

8. 冬期施工混凝土的搅拌

1）室外日平均气温连续5d稳定低于5℃时，混凝土拌制应采取冬期措施，并应及时采取气温突然下降的防冻措施。

2）配制冬期施工的混凝土，应优先选用硅酸盐水泥或普通硅酸盐水泥，水泥标号不应低于425号，最小水泥用量不宜少于300kg/m³，水灰比不应大于0.6。

3）混凝土所用骨料必须清洁，不得含有冰、雪等冻结物及易冻裂的矿物质。

4）混凝土拌制前，应用热水或蒸汽冲洗搅拌机，拌制时间应取常温的1.5倍。混凝土拌和物的出机温度不宜低于10℃，入模温度不得低于5℃。

5）冬期混凝土拌制的质量检查尚应测量混凝土自搅拌机中卸出时的温度和浇筑时的温度。

以上检查每一工作班至少应测量检查4次。

9. 混凝土强度检验

（1）仪器、工具准备。

混凝土压力试验机（见图3-11）、混凝土回弹仪（见图3-12）、钢卷尺、磅秤。

混凝土压力试验机：测量精度为±1%，试件破坏荷载应大于压力机全量程的20%且小于压力机全量程的80%。应具有加荷速度显示装置或加荷速度控制装置，并应能均匀、连续加荷。

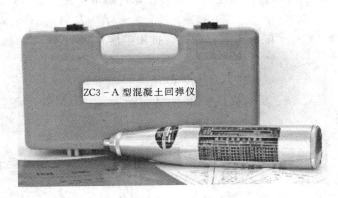

图3-11 混凝土压力实验机   图3-12 混凝土回弹仪

（2）实训步骤。

1）用回弹仪测定混凝土试件强度。

a. 回零：将回弹仪弹击杆顶住混凝土测试面，轻压尾盖，定位钩销脱开导向法兰；慢慢抬起仪器，在压缩弹簧作用下，弹击杆伸出，挂钩与弹击锤挂上，同时导向法兰将指针滑块带到零位，即指针滑块上红刻线与刻度尺零线重合。

b. 回弹仪测定：将已伸出的弹击杆对准混凝土测试面上测点，均匀缓慢推压回弹仪，弹击杆被压入回弹仪，弹击拉簧拉伸；当仪器推压到一定位置时，导向法兰上的挂钩背部与尾部调整螺栓头端面接触并开始转动，到挂钩脱开弹击锤的瞬间，弹击拉簧伸长度达到规定的标准长度75mm，此时仪器得到了标称能量2.207N·m，弹击锤处于一触即发的状态。这一操作过程应始终保持回弹仪轴心垂直于测试面，切忌推压用力过猛，速度过快。

c. 读取回弹值：当弹击锤与弹击杆碰撞后第一次碰撞回跳时将指针滑块带到一定位置（通过弹簧片），此后应继续压住回弹仪，并从指针滑块刻线所对应的读尺刻线读取回弹值 R_i；若不便读数，可按动按钮锁住机芯，保留指针滑块的位置，然后将回弹仪拿到便于读数处读取回弹值。以上是一次弹击测试操作过程，并获得一个测点的回弹值 R_i。重复上述操作过程便可得到所需要的测点回弹值。

2）压力实验机测定混凝土试件强度。

a. 将压力试验机上下承压板面擦干净。

b. 将试件安放在试验机的下压板或垫板上，试件的承压面应与成型时的顶面垂直。试件的中心应与试验机下压板中心对准，开动试验机，当上压板与试件或钢垫板接近时，调整球座，使接触均衡。

c. 在试验过程中应连续均匀地加荷，混凝土强度等级小于 C30 时，加荷速度取每秒钟 0.3～0.5MPa；混凝土强度等级大于等于 C30 且小于 C60 时，取每秒钟 0.5～0.8MPa；混凝土强度等级大于等于 C60 时，取每秒钟 0.8～1MPa。

d. 当试件接近破坏开始急剧变形时，应停止调整试验机油门，直至破坏，然后记录破坏荷载。

e. 立方体抗压强度试验结果计算及确定见式（3-1）

$$f_c = F/A \tag{3-1}$$

式中 f_c——混凝土立方体试件抗压强度，MPa；

F——试件破坏荷载，N；

A——试件承压面积，mm^2。

混凝土立方体抗压强度计算应精确到 0.1MPa，将实验所测数据计入实验数据记录表。

（四）质量要求

1）拌制混凝土时，必须严格遵守试验室签发的混凝土配料单进行配料，严禁擅自更改。

2）水泥、砂、石、掺合料、片冰均应以重量计、水及外加剂溶液可按重量折算成体积，称量偏差应符合要求。

3）施工前，应结合工程的混凝土配合比情况，检验拌和设备的性能，如发现不相适应时，应适当调整混凝土的配合比；有条件时，也可调整拌和设备的速度，叶片结构等。

4）在混凝土拌和过程中，应根据气候条件定时地测定砂、石骨料的含水量（尤其是砂子的含水量）；在降雨的情况下，应相应地增加测定次数，以便随时调整混凝土的加水量。

5）在混凝土拌和过程中，应采取措施保持砂、石、骨料含水率稳定，砂子含水率应控制在 6% 以内。

6）掺有掺合料（如粉煤灰等）的混凝土进行拌和时，掺合料可以湿掺也可以干掺，但应保证掺和均匀。

7）如使用外加剂，应将外加剂溶液均匀配入拌和用水中。外加剂中的水量，应包括在拌和用水量之内。

8）必须将混凝土各组分拌和均匀。拌和程序和拌和时间，应通过试验决定。

9）拌和设备应经常进行规定项目的检验。

10）如发现拌和机及叶片磨损，应立即进行处理。

（五）学生实训任务单

实训任务单 1

姓名：		班级：	指导教师：		总成绩：
	基础知识		评分权重10%		成绩：
1. 普通混凝土的组成材料与各自的技术要求					
2. 混凝土拌和物和易性的检验方法					

数据记录 拌和物材料用量		评分权重20%	成绩：
混凝土计算配合比			

材料名称	规格	数量	备注
水泥			
砂			
碎石			
水			

拌和物坍落度测量值

拌和物和易性评定

考核验收			评分权重50%		成绩：	
序号	项目	要求及允许偏差	检验方法	验收记录	分值	得分
1	正确选择试验仪器	全部正确	检查		5	
2	选择合理的试验材料	全部正确	检查		5	
3	计算理论配合比	计算正确	观察、检查		10	
4	按照理论配合比试配，称量各种材料用量	计算准确　称量精确（水泥、水 ± 0.3%，骨料±0.5%）	观察、检查		5	
5	用混凝土搅拌机拌和，注意加料顺序	按照石子、水泥、砂子、水一次加料，拌和2～3min	观察、检查		5	
6	混凝土拌和物和易性检验（坍落度试验）	除了坍落度外，还需要目测：棍度、黏聚性、含砂情况、析水情况	观察、检查		10	
7	根据坍落度试验调整、提出基准配合比	调整理由、依据	问答、观察、检查		10	
8	按照基准配合比试配、成型、养护	试模规格、养护方法	观察、检查		10	
9	混凝土抗压强度试验	试验方法正确，记录计算准确	观察、检查		10	

序号	项目	要求及允许偏差	检验方法	验收记录	分值	得分
10	根据强度试验结果，绘制强度与水灰比的关系图，确定案例要求强度所对应的水灰比，确定实验室配合比	绘图准确，选择依据明确	问答、观察、检查		10	
11	测量现场骨料含水率	检测方法得当，结果准确	观察、检查		10	
12	根据现场骨料情况计算施工配合比	计算准确	观察、检查		10	

实训质量检验记录及原因分析		评分权重10%	成绩：

序号	实训质量检验记录	质量问题分析	防治措施建议

实训心得	评分权重10%	成绩：

实训任务单 2

姓名：	班级：	指导教师：	总成绩：

基础知识	评分权重10%	成绩：
1. 常用混凝土抗压强度等级划分		
2. 混凝土抗压强度测定方法		

数据记录　混凝土强度检验									评分权重30%	成绩：

项目	压力实验机测定								回弹仪测定
试件编号	实际龄期/d	试件规格/mm	试件质量 M/kg	受压面面积 A/mm²	荷载 F/kN	峰值荷载/kN	加载时间/s	立方体抗压强度 f_c/(N·mm⁻²)	回弹仪测定的强度/MPa
1									
2									
3									
4									
5									

考核验收	评分权重40%	成绩：

序号	项目	要求及允许偏差	检验方法	验收记录	分值	得分
1	正确选择试验仪器	全部正确	检查		5	
2	选择合理的试验材料	全部正确	检查		5	
3	使用磅秤称取试件	称量精确	观察、检查		10	
4	用钢卷尺测量试件尺寸	测量精确	观察、检查		20	
5	按照混凝土压力机操作方法规范操作	试验方法正确，记录计算准确	观察、检查		20	
6	在实训中对操作数据的记录与处理	全部正确	观察、检查		20	
7	对实训仪器的清洗与维护及实训室卫生	擦洗干净	检查		10	
8	实训过程中的安全意识、是否遵守实训室规章制度	注重安全、遵守实训室安全制度	观察、检查		5	
9	是否有团队合作意识	小组团结合作、分工明确	观察、检查		5	

实训质量检验记录及原因分析			评分权重10%	成绩：

序号	实训质量检验记录	质量问题分析	防治措施建议

实训心得	评分权重10%	成绩：

项目六：水工混凝土运输实训

（一）教师教学指导参考（教学进程表）

水工混凝土运输方式、运输机械及运输要求教学进程表

学习任务		水工混凝土运输方式、运输机械及运输要求				
教学时间/学时		6		适用年级		综合实训
教学目标	知识目标	掌握水工混凝土的运输方式，每种运输方式的注意事项				
	技能目标	会编制简单的混凝土运输方案				
	情感目标	使学生掌握混凝土运输的基本知识和基本技能，培养学生严肃认真、一丝不苟、理论联系实际、实事求是的工作作风，提高学生用辩证唯物主义观点认识问题、分析问题、解决问题的综合能力				
教学过程设计						
时间/min	教学流程	教学法视角	教学活动	教学方法	媒介	重点
20	课程导入	激发学生的学习兴趣	布置任务，提出问题	项目教学引导文	图片，工具，材料	分组应合理，任务恰当，问题难易适当
70	学生带着问题观看教学视频，观看时注意做笔记	培养学生发现问题，积极思考	认真观看，仔细思考	视频展示	视频	注意细节，仔细观察
45	带学生参观实训室的混凝土运输机械	理论联系实际，激发学生的学习兴趣	认真参观	现场考察	实训室设备	简单操作
45	学生根据已有的知识分组讨论，发现问题	学生主动积极参与讨论及团队合作精神培养	根据提出的任务单及问题进行讨论，确定方案	项目教学，小组讨论	教材，材料，卡片	理论知识准备
45	学生研读案例，分组讨论	学生主动积极参与讨论及团队合作精神培养	根据提出的任务单及问题进行讨论，确定协作方案	项目教学，小组讨论	教材，施工规范	参考资料准备
90	自己做	学生分组设计	学生分组完成任务	小组合作	混凝土运输机械资料，施工规范	注意知识的灵活运用
25	学生自评	自我意识的觉醒，有自己的见解，培养沟通、交流能力	检查操作过程，数据书写，规范应用的正确性	小组合作	混凝土运输机械资料，学生工作记录	学生检查的流程及态度
(20)	学生汇报，教师评价，总结	学生汇报总结性报告，教师给予肯定或指正	每组代表展示实操成果并小结，教师点评与总结	项目教学，学生汇报，小组合作	投影，白板	注意对学生的表扬与鼓励

（二）实训准备

1. 设备准备

混凝土运输机械设备至少包括混凝土搅拌运输车、混凝土布料机、自卸汽车、起重机、塔式起重机、门式起重机、高空缆式起重机、混凝土泵车、翻斗车、混凝土吊罐、溜槽、溜管等（见图3-13～图3-24）。

图3-13 混凝土搅拌运输车

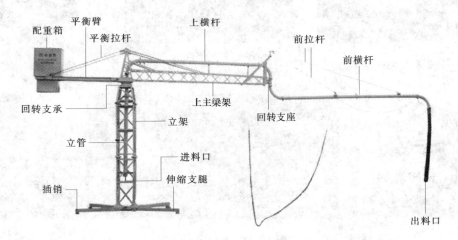

图3-14 混凝土布料机

图3-15 自卸汽车

图3-16 起重机

图 3-17　塔式起重机　　　　　　　　　　图 3-18　门式起重机

图 3-19　高空缆式起重机　　　图 3-20　混凝土泵车　　　图 3-21　翻斗车

图 3-22　混凝土吊罐　　　　图 3-23　溜槽　　　　　　图 3-24　溜管

2. 实训案例

某水利工程的混凝土工程项目主要包括压力钢管基础及外包混凝土，主厂房、尾水副厂房、安装间、尾水渠及左右岸挡墙、出线站等建筑物混凝土。混凝土总量约29.3万 m³，其中压力钢管基础及外包混凝土2.59万 m³、厂房混凝土17.89万 m³、安装间混凝土5.43万 m³、尾水渠及护岸混凝土3.13万 m³，各部位的主要工程量见表3-7。

表 3-7　　　　　　　　　　混凝土工程主要工程量表

项　目		标号/级配	工程量 /m³	备　注
压力钢管 工程	基础及外包混凝土	C25F200W6	22936	
	高流态混凝土	C25F200W6	3000	

120

项 目		标号/级配	工程量/m³	备 注
主副厂房	1773m 高程以下一期大体积混凝土	C20F100W6	86180	
	上游墙体混凝土	C20F200W6	6202	1773～1795.5m
	下游墙体、尾水副厂房及闸墩混凝土	C25F200W6	43062	下游墙体（1773～1784.5m）为2905m³；尾水副厂房及闸墩（1767.5～1795.3m）为40128m³
	上游墙排架柱混凝土	C25F200W6	534	1795.5m 以上
	下游墙排架柱混凝土	C25F200W6	1609	1784.5m 以上
	尾水门槽二期混凝土	C25F200W6	1050	
	机坑锥管二期混凝土	C25F100W6	965	
	机坑二期混凝土	C25F100W6	36905	含锥管二期
	发电机层以上混凝土	C30F200W6	1050	
	预制槽形梁	C20F100W6	930	
	预制 T 形梁	C25F100W6	330	
	预制盖板	C20F100W6	120	
安装间	大体积混凝土	C20F200W6	53141	1795.3m 以下
	排架柱混凝土	C25F200W6	600	
	预制混凝土	C25F100W6	550	
尾水渠及护岸	现浇混凝土	C20F200W6	31265	
出线站	现浇混凝土	C20F200W6	1680	
中位水池及污水调节池	现浇混凝土	C25F200W6	105	
合计			292214	

（1）建筑物结构特征。主厂房为坝后引水式地面厂房，体型尺寸为 94.8m×33m×72.8m（长×宽×高），内装 3×340MW 水轮发电机组。从右至左依次布置安装间（含渗漏集水井、GIS 室、检修集水井）、主机段（分尾水管层、操作廊道层、蜗壳层、水轮机层及发电机层）发电机层高程为 1795.5m，机组段长度 31.6m。厂房上部结构由排架柱、钢吊车梁、混凝土圈梁及砖墙结构组成，内安装有跨度为 29m 的桥式起重机（710/160/10t）。厂房屋面为预制混凝土雁型板结构（单件重量 38t）。

下游尾水副厂房长 94.8m，宽 10m，共分 2 层，布置在尾水管上方，内布置供水设备、空压机设备、厂用设备及配电装置，顶层与尾水平台齐平。

尾水平台宽 23.4m，布置有 3 台主变压器和 1 台 1000kN 尾水单项门机。尾水检修门为 6.7m×9.2m。

尾水渠反坡段坡度 1∶4，长 55.5m，宽 88.30m，底板厚 50cm，两侧为半重力式挡土墙。

安装间位于主厂房右侧，总长 63m，底板高程 1795.3m，安装间设有进厂大门，与进厂公路衔接，进厂设备可直接进入安装间。

开关站位于安装间底部，为户内式 GIS 室，开关站长 61m，宽 12m，共 2 层。上层布置 GIS 设备，下层为电缆夹层。

出线站位于安装间上游侧，占地约为 27m×79m。

（2）施工重点及难点分析。

1）前期混凝土施工强度高，总体持续时间长。本标段混凝土总量 29.3 万 m³，施工时段从 2007 年 9 月浇筑 1 号机组段开始，到 2010 年 4 月底整个厂房二期混凝土浇筑完成，历时 32 个月。其间，受 1 号机组相关节点工期的制约，1 号机组段下部混凝土以及安装间下部混凝土上升速度较快，造成该时段混凝土高峰强度大，施工月强度在 2008 年 4 月达到最大 2.3 万 m³/月，高峰月强度在 1.4 万 m³/月以上的有 8 个月。

2）混凝土施工强度不均衡。混凝土施工从 2007 年至 2010 年，在这 4 个施工年度中，前期施工强度高，2008 年是施工高峰，完成方量 18.53 万 m³，占总工程量的 63.24%，其他 3 年完成方量 10.77 万 m³，占总工程量的 36.76%。

3）安装间及 1 号机组段工期最为紧张。安装间是施工工期最为紧张的部位，要求在 2008 年 7 月底将安装间底板浇平，为 1 号机座环安装提供通道，加上中间还穿插 1 号机压力钢管安装、基础固结灌浆、边坡建基面温控歇等，安装间部位排架柱须在 2008 年 12 月底前形成，具备桥机钢梁安装条件等，造成该时段工期十分紧张。1 号机组是 2010 年首台投产的发电机组，招标文件要求于 2008 年 9 月 5 日具备座环安装条件，因此造成 1 号机组 1771.7m 高程以下的一期混凝土施工工期比较紧张。在 1763m 以下的一期混凝土尚未完成施工时，基坑内的肘管安装及二期混凝土浇筑要紧跟着施工，抢在 2008 年 8 月 25 日前完成锥管安装，利用 10d 时间完成锥管二期混凝土、座环支墩混凝土浇筑，2008 年 9 月 5 日具备座环安装条件。1 号机组座环、蜗壳无法采用桥机吊装，只能采用施工门机吊装。

4）施工初期手段缺乏。尾水下游一线门机轨道长度有限，安装间大部分面积无法覆盖，需在安装间上游布置 1 台设备来保证安装间混凝土浇筑。施工初期在尾水底板上须浇筑门、塔机轨道梁和安装 1 号塔机，然后用该塔机安装 1 号高架门机（安装在右侧）。在门、塔机投产以前 1 号机组段基岩覆盖及渗漏集水井等仓位缺乏施工手段，必须采用泵机、溜槽等辅助手段配合浇筑；上、下游 M900 塔机在 2007 年 9 月 15 日形成。下游检修集水井混凝土安排在 10 月才开始浇筑。

5）土建、金结各专业、各工序之间相互干扰、相互交叉施工，协调难度大。混凝土施工期间，金结、机电埋件安装与土建同步施工，互相占用部位、占用起吊手段、占用施工工期，施工矛盾十分突出，需进行周密的计划，并合理安排施工程序和起吊设备。厂房标段施工期间，大坝及溢洪道工程也在紧锣密鼓地填筑上升，由于本标段处在下游，其交接部位的干扰较大，相互之间的协调配合顺利与否对本标段的施工较大影响。

6）厂房部位结构复杂、施工质量要求高，施工难度大。厂房部位混凝土结构十分复杂，下部仓面采用错缝搭接逐仓上升；尾水管部位采用现浇封顶，脚手架搭设部分占用尾水直线工期；中间蜗壳周边混凝土施工空间狭窄，入仓振捣困难；上部的框架梁板结构含筋量大，高差大，仓小面多；厂房外露表面部位要满足成型质量及外观要求，施工难度大。

（三）实训步骤

（1）以班级为单位观看视频，让学生对混凝土运输有初步的感性认识。

（2）以班级为单位参观实训室混凝土运输机械，使学生近距离了解混凝土运输机械。

（3）以小组为单位讨论常用的混凝土运输机械类型及适用范围。

（4）以小组为单位讨论常用混凝土运输机械的运行要求及安全事项。

（5）完成实训任务单1。

（6）以小组为单位学习案例，让学生熟悉案例的混凝土工程量及建筑物结构。

（7）案例分析，选择混凝土运输机械。

混凝土运输包括两个运输过程：一是从拌和机前到浇筑仓前，主要是水平运输；二是从浇筑仓前到仓内，主要是垂直运输。

混凝土的水平运输又称为供料运输。常用的运输方式有人工、机动翻斗车、混凝土搅拌运输车、自卸汽车、混凝土泵、皮带机、机车等几种，应根据工程规模、施工场地宽窄和设备供应情况选用。混凝土的垂直运输又称为入仓运输，主要由起重机械来完成，常见的起重机有履带式、门机、塔机等几种。

运输混凝土的辅助设备有吊罐、集料斗、溜槽、溜管等。用于混凝土装料、卸料和转运入仓，对于保证混凝土质量和运输工作顺利进行起着相当大的作用。

（8）制定适用于案例的混凝土运输方案。

混凝土运输是整个混凝土施工中的一个重要环节，对工程质量和施工进度影响较大。由于混凝土料拌和后不能久存，而且在运输过程中对外界的影响敏感，运输方法不当或疏忽大意，都会降低混凝土质量，甚至造成废品。如供料不及时或混凝土品种错误，正在浇筑的施工部位将不能顺利进行。因此要解决好混凝土拌和、浇筑、水平运输和垂直运输之间的协调配合问题，还必须采取适当的措施，保证运输混凝土的质量。

混凝土料在运输过程中应满足下列基本要求：

1）运输设备应不吸水、不漏浆，运输过程中不发生混凝土拌和物分离、严重泌水或过多降低坍落度等情况。

2）同时运输两种以上强度等级的混凝土时，应在运输设备上设置标志，以免混淆。

3）尽量缩短运输时间、减少转运次数。运输时间不得超过表3-8的规定。因故停歇过久，混凝土产生初凝时，应作废料处理。在任何情况下，严禁中途加水后运入仓内。

表3-8　　　　　　　　　　　混凝土允许运输时间

气　　温/℃	混凝土允许运输时间/min
20～30	30
10～20	45
5～10	60

注　本表数值未考虑外加剂、混合料及其他特殊施工措施的影响。

4) 运输道路基本平坦，避免拌和物振动、离析、分层。

5) 混凝土运输工具及浇筑地点，必要时应有遮盖或保温设施，以避免因日晒、雨淋、受冻而影响混凝土的质量。

6) 混凝土拌和物自由下落高度以不大于 2m 为宜，超过此界限时应采用缓降措施。

（9）完成实训任务单、教师点评、总结。

（四）学生实训任务单

实训任务单 1

姓名：		班级：		指导教师：		总成绩：	
相关知识				评分权重 20%		成绩：	
1. 常用的混凝土运输机械有哪些							
2. 混凝土的运输方式							
实训知识				评分权重 45%		成绩：	
1. 实训视频介绍的混凝土运输机械有哪些							
2. 实训室现有的混凝土运输机械有哪些							
3. 混凝土泵车的性能、适用条件及运行要求							
4. 用于混凝土运输的自卸汽车性能、适用条件及运行要求							
5. 用于混凝土运输的翻斗车的性能、适用条件及运行要求							
6. 用于混凝土运输的塔式起重机性能、适用条件及运行要求							
7. 混凝土吊罐性能、适用条件及运行要求							
8. 混凝土溜槽适用条件及运行要求							
9. 混凝土运输机械的安全要求							

考核验收				评分权重 10%		成绩：	
序号	项目	考核要求	检验方法	验收记录	分值	得分	
1	视频学习	积极参与、细心	观察		50		
2	实训室参观	积极参与、细心	观察		50		

实训质量检验记录及原因分析			评分权重 10%	成绩：
实训质量检验记录		质量问题分析	防治措施建议	
实训心得			评分权重 15%	成绩：

实训任务单 2

姓名：		班级：	指导教师：		总成绩：	
实训考核验收			评分权重 70%		成绩：	
					分值	得分
1. 案例中的主要水工建筑物混凝土工程量描述					10	
2. 适用于案例混凝土运输方式					10	
3. 案例中混凝土运输机械的选择					20	
4. 适用于案例的混凝土运输方案					50	
实训质量检验记录及原因分析			评分权重 10%		成绩：	
实训质量检验记录		质量问题分析	防治措施建议			
实训心得			评分权重 10%		成绩：	

项目七：水工混凝土浇筑与振捣实训

（一）教师教学指导参考（教学进程表）

水工混凝土浇筑与振捣教学进程表

学习任务	水工混凝土浇筑与振捣					
教学时间/学时	6		适用年级		综合实训	
教学目标 知识目标	掌握水工混凝土的浇筑与振捣工艺					
教学目标 技能目标	按照施工技术要求进行混凝土的浇筑并进行振捣					
教学目标 情感目标	学习实训课程的目的是使学生掌握混凝土浇筑的实际操作的基本知识和基本技能，培养学生严肃认真、一丝不苟、理论联系实际、实事求是的工作作风，提高学生用辩证唯物主义观点认识问题、分析问题、解决问题的综合能力					

教学过程设计

时间/min	教学流程	教学法视角	教学活动	教学方法	媒介	重点
10	安全，防护教育	引起学生的重视	师生互动，检查	讲解	图片	使用设备安全性
20	课程导入	激发学生的学习兴趣	布置任务，下发任务单，提出问题	项目教学引导文	图片，工具，材料	分组应合理、任务恰当，问题难易适当
30	学生自主学习	学生主动积极参与讨论及团队合作精神培养	根据提出的任务单及问题进行讨论，确定方案	项目教学，小组讨论	教材，材料，卡片	理论知识准备
25	演示	教师提问，学生回答	工具、设备的使用，规范的应用	课堂对话	设备，工具，施工规范	注重引导学生，激发学生的积极性
45	模仿（教师指导）	组织项目实施，加强学生动手能力	学生在实训基地完成设备的实际操作	个人完成，小组合作	设备，工具，施工规范	注意规范的使用
90	自己做	加强学生动手能力	学生分组完成施工机械的布置任务	小组合作	设备，工具，施工规范	注意规范的使用，设备的正确操作
20	学生自评	自我意识的觉醒，有自己的见解，培养沟通、交流能力	检查操作过程，数据书写，规范应用的正确性	小组合作	施工规范，学生工作记录	学生检查时应操作步骤
(20)	学生汇报，教师评价，总结	学生汇报总结性报告，教师给予肯定或指正	每组代表展示实操成果并小结，教师点评与总结	项目教学，学生汇报，小组合作	投影，白板	注意对学生的表扬与鼓励

（二）实训准备

1. 工具、设备准备

施工机具：磅秤、坍落度筒、手推车、混凝土拌和盘、插入式振捣器等。

辅助机具：0.5m 刮杠、木抹子、尺子、灰桶、线绳、铁锹等。

2. 材料准备

实训每一小组（每一实训工位）需用材料如表 3-9。

表 3-9 每实训小组需用材料一览表

材 料 名 称	规 格	用量/kg	备 注
砂	中砂	20	
碎石	5～40mm	50	
水泥	32.5MP	20	
水	自来水	50	

水泥、砂、石等各种材料数量均准备充分，并符合以下要求：

1）水泥：水泥的品种、标号、厂别及牌号应符合混凝土配合比通知单的要求。水泥应有出厂合格证及进场试验报告。

2）砂：砂的粒径及产地应符合混凝土配合比通知单的要求。

3）石子（碎石或卵石）：石子的粒径、级配及产地应符合混凝土配合比的要求。

4）水：宜采用饮用水。其他水，其水质必须符合 JGJ 63—89《混凝土拌和用水标准》的规定。

3. 实训案例

某农田水利工程用于水闸砌筑的混凝土块的尺寸为：长×宽×高＝60cm×20cm×20cm，混凝土施工配合比为：$m_c : m_w : m_s : m_g = 1 : 0.45 : 1.52 : 3.73$。在实训室每个小组完成 1 个以上尺寸的混凝土砌块。

4. 现场准备

1）浇筑混凝土块的模板安装完毕并验收合格。

2）浇筑混凝土用的插入式振捣器经检验试运转正常。

3）机械台秤、电子计量器经检查衡量准确、灵活。

（三）实训步骤

1. 施工工艺流程

作业准备→混凝土材料配料→人工搅拌→混凝土浇筑、振捣→拆模及养护。

2. 实训步骤

（1）小组分工，明确自己的工作任务。

（2）按照施工配合比配料进行混凝土的拌制。

（3）混凝土拌制的质量检查。检查混凝土的坍落度及和易性。混凝土拌和物应搅拌均匀、颜色一致，具有良好的流动性、黏聚性和保水性，不泌水、不离析。不符合要求时，应查找原因，及时调整。

（4）混凝土浇筑。

1）用铁锹进行混凝土的入仓，用插入式振捣器振捣。使用插入式振捣器应做到"快插慢拔"，在振捣过程中宜让振捣棒上下略微抽动，使上下振动均匀，插点要均匀排列，逐点移动，顺序进行，不得遗漏，做到均匀振实。移动间距不大于振捣棒作用半径的1.5倍（一般为30～40cm），每点振捣时间以20～30s为准，确保混凝土表面不再明显下沉，不再出现气泡，表面泛出灰浆为准。对于分层部位，振捣棒应插入下层5cm左右以消除上下层混凝土之间的缝隙。振捣棒不得漏振，振捣时不得用振动棒赶浆。

2）浇筑完成到设计标高后，用刮杠找平、木抹木抹子收平混凝土面。

（5）混凝土块的养护。

1）混凝土应连续养护，养护期内始终使混凝土表面保持湿润。

2）混凝土养护时间，不宜少于7d。

3）混凝土养护应有专人负责，并做好养护记录。

（四）质量要求

1）浇筑混凝土前，应详细检查有关准备工作：混凝土浇筑的准备工作，模板设施等是否符合设计要求，并应做好记录。

2）在模板架设前必须在地面上先铺一层竹胶板，并刷油。

3）浇入仓内的混凝土应随浇随平仓，不得堆积。仓内若有粗骨料堆叠时，应均匀地分布于砂浆较多处，但不得用水泥砂浆覆盖，以免造成内部蜂窝。

4）浇筑混凝土时，严禁在仓内加水。如发现混凝土和易性较差时，必须采取加强振捣等措施，以保证混凝土质量。

5）不合格的混凝土严禁入仓，已入仓的不合格的混凝土必须清除。

6）浇筑混凝土时，合理布置振捣点。每一位置的振捣时间，以混凝土不再显著下沉、不出现气泡并开始泛浆时为准。

7）任务单填写完整、内容准确、书写规范。

8）各小组自评要有书面材料，小组互评要实事求是。

（五）学生实训任务单

实训任务单1

姓名：	班级：	指导教师：		总成绩：
相关知识		评分权重10%		成绩：
1. 组合钢模板架设的技术要求				
2. 模板的类型				
实训知识		评分权重15%		成绩：
1. 根据案例计算组合钢模板的工程量				
2. 正确选择钢模板架设工具				
3. 组合钢模板架设施工工艺				

考核验收				评分权重50%	成绩:	
序号	项目	要求及允许偏差	检验方法	验收记录	分值	得分
1	正确选择工具	全部正确	检查		10	
2	按照正确的施工工艺	工序正确	检查		20	
3	模板安装正确	全部正确符合规范	检查		20	
4	模板间缝隙控制	全部正确	观察、检查		10	
5	模板的接缝不应漏浆	全部正确	观察、检查		10	
6	模板与混凝土的接触面应清理干净并涂刷隔离剂	全部正确	观察、检查		10	
7	模板的拆除	全部正确	观察、检查		20	

实训质量检验记录及原因分析		评分权重10%	成绩:
实训质量检验记录	质量问题分析	防治措施建议	
实训心得		评分权重10%	成绩:

实训任务单2

姓名:	班级:	指导教师:		总成绩:
相关知识			评分权重10%	成绩:
1. 普通混凝土的浇筑方法及技术要求				
2. 混凝土振捣的施工工艺				
3. 混凝土浇筑质量的检测内容及要点				
实训知识			评分权重30%	成绩:
1. 人工拌制混凝土的要点				
2. 模板架设示意图				
3. 混凝土坍落度的检测				

	4.混凝土振捣器性能描述					
	5.混凝土块外观描述					

考核验收				评分权重40%	成绩：	
序号	项目	要求及允许偏差	检验方法	验收记录	分值	得分
1	正确选择实训设备和仪器	全部正确	检查		5	
2	混凝土配料	称量精确（水泥、水 ± 0.3%，骨料±0.5%）	检查		5	
3	混凝土拌制	按照石子、水泥、砂子、水一次加料，拌和3遍	观察、检查		20	
4	混凝土拌和物和易性检验（坍落度试验）	除了坍落度外，还需要目测：棍度、黏聚性、含砂情况、析水情况	观察、检查		10	
5	混凝土入仓浇筑	方法正确	观察、检查		20	
6	混凝土振捣	振捣器使用正确，并符合安全规程	观察、检查		20	
7	混凝土块抹面	抹面规范，表面平整	观察、检查		10	
8	混凝土养护	养护符合要求	观察、检查		10	

实训质量检验记录及原因分析			评分权重10%	成绩：
实训质量检验记录		质量问题分析	防治措施建议	

实训心得	评分权重10%	成绩：

项目八：水工混凝土养护实训

（一）教师教学指导参考（教学进程表）

水工混凝土养护教学进程表

学习任务		水工混凝土养护（混凝土板养护）实训			
教学时间/学时		8		适用年级	综合实训

教学目标	知识目标	了解水工混凝土的养护方法及其质量检查方法			
	技能目标	完成水工混凝土的养护；完成水工混凝土养护的质量检查			
	情感目标	培养学生严肃认真、一丝不苟、理论联系实际、实事求是的工作作风，提升文明安全施工、劳动保护意识			

教学过程设计

时间/min	教学流程	教学法视角	教学活动	教学方法	媒介	重点
15	安全，防护教育	引起学生的重视	师生互动，检查	讲解	图片	使用设施安全性
15	课程导入	激发学生的学习兴趣	布置任务，下发任务单，提出问题	项目教学引导文	图片，工具，材料	分组应合理，任务恰当，问题难易适当
30	学生自主学习	学生主动积极参与讨论及团队合作精神培养	根据提出的任务单及问题进行讨论，确定方案	项目教学，小组讨论	教材，材料	理论知识准备
30	演示	教师提问，学生回答	工具，设备的使用，规范的应用	课堂对话	设备，工具，施工规范	注重引导学生，激发学生的积极性
90	模仿（教师指导）	组织项目实施，加强学生动手能力	学生在实训基地完成混凝土板的养护	个人完成，小组合作	设备，工具，施工规范	注意规范的使用
135	自己做	加强学生动手能力	学生分组完成任务	小组合作	设备，工具，施工规范	注意规范的使用，设备的正确操作
20	学生自评	自我意识的觉醒，有自己的见解，培养沟通、交流能力	检查操作过程，数据书写，规范应用的正确性	小组合作	施工规范，学生工作记录	学生检查操作步骤
25	学生汇报，教师评价，总结	学生汇报总结性报告，教师给予肯定或指正	每组代表展示实操成果并小结，教师点评与总结	项目教学，学生汇报，小组合作	投影，白板	注意对学生的表扬与鼓励

（二）实训准备

1. 工具、设施准备

覆盖物（塑料薄膜、草袋等）、浇水工具（水管、水桶）、棒式温度计或酒精温度计等。

2. 项目七的混凝土块浇筑完毕

（三）实训步骤

（1）小组分工，明确自己的工作任务。

（2）混凝土养护记录（填写在本实训项目实训任务单 1 中）。

在浇筑完毕后的 12h 以内对混凝土既盖一层塑料薄膜，稍后再盖两层草袋并保湿养护。在终凝（12h）后开始浇水，浇水可以采用水管、水桶等工具保证混凝土的湿润度。

混凝土浇水养护的时间：混凝土块应浇水养护，浇水次数应保持混凝土处于湿润状态，一般每天不得少于 4 次，对采用硅酸盐水泥、普通硅酸盐水泥或矿渣硅酸盐水泥拌制的混凝土养护时间不少于 7d。对掺用缓凝型外加剂或有抗渗要求的混凝土，不得少于 14d。

（3）混凝土养护测温记录（填写在实训任务单 2 中）。

混凝土施工应对入模时大气温度、各测温孔温度、内外温差和裂缝进行检查和记录（见本实训项目实训任务单 1），表格中各温度值需标注正负号。大体积混凝土养护测温应附测温点布置图，包括测温点的布置部位、深度等。

大体积混凝土或冬季施工时测温的温度控制指标如下：内外温差小于 25℃；降温速度小于 1～2.0℃/d；揭开保温层时的温差小于 15℃。监测周期与频率如下：混凝土浇筑初凝前，每 0.5h 测一次；混凝土浇筑结束后 12h，每 2h 测一次；混凝土浇筑结束后 24h，每 4h 测一次；混凝土浇筑结束后 72h，每 8h 测一次；混凝土浇筑结束后 15d，每 24h 测一次；当内外温差小于 15℃时，停止测温。

（四）质量要求

（1）混凝土浇筑完毕后，养护前应避免太阳曝晒。

（2）混凝土强度达到 $1.2 N/mm^2$ 前，不得在其上踩踏或安装及模板及支架。

（3）混凝土应连续养护，养护期内始终使混凝土表面保持湿润。

（4）混凝土养护时间，不宜少于 28d，有特殊要求的部位宜适当延长养护时间。

（5）混凝土养护应有专人负责，并应作好养护记录。

（6）混凝土的养护用水应与拌制用水相同。注意以下两点：

1）当日平均气温低于 5℃时，不得浇水。

2）当采用其他品种水泥时，混凝土的养护应根据所采用水泥的技术性能确定。

（7）安全注意事项。

1）养护用的管路和设备应经常检修，电路管理应符合用电规范要求。

2）蒸养设备要专人负责，定期检修，严防火灾、烫伤事故。有危险的地域应有明显警告标示。

3）养护人员高空作业要系安全带，穿防滑鞋。

4）养护用的支架要有足够的强度和刚度、篷帐搭设要规范合理。

5）人员上下支架或平台作业要谨慎小心，在保护好混凝土成品，保证养护措施实施的同时，加强个人安全防护工作。

（8）任务单填写完整、内容准确、书写规范。

（9）各小组自评要有书面材料，小组互评要实事求是。

（五）学生实训任务单

实训任务单 1　　　　　　　　　　**实体混凝土养护情况记录表**

单位（子单位）工程名称					养护部位	
混凝土强度等级		抗渗等级			抗折强度/MPa	
水泥品种及等级		外加剂名称			掺合料名称	
混凝土浇筑开始时间	年 月 日 时 分	混凝土浇筑完毕时间	年 月 日 时 分		第一次养护时间	年 月 日 时 分
养护方式	自然	加热	养护天数		第一次荷载时间	年 月 日 时 分

日常养护记录

工作日	日期	日平均气温	养护方法	养护人签名	见证人签名
1					
2					
3					
4					
5					
6					
7					
8					
9					
10					
11					
12					
13					
14					

混凝土养护情况检查结论	（学生）养护人　　　　　　　　　　　（指导教师）见证人 　　　　　　　　　　年 月 日

实训任务单 2　　　　　　　　　混凝土养护测温记录

工程名称													
部位					养护方法				测温方式				
测温时间			大气温度/℃	各测孔温度/℃								平均温度/℃	间隔时间/h	
月	日	时												
项目专业技术负责人			专业质检员（学生）						记录人（学生）					

注　绘制测温孔布置图及测温孔剖面图。

134

实训任务单 3　　　　　　　　学生考核成绩表

姓名：	班级：	指导教师：	总成绩：

相关知识		评分权重 10%	成绩：
1. 混凝土的养护方法			
2. 混凝土浇水养护时间的要求			

实训知识		评分权重 15%	成绩：
1. 水工混凝土测温的温度控制指标（内外温差）			
2. 水工混凝土养护的操作步骤			
3. 水工混凝土养护的安全注意事项			

考核验收				评分权重 55%		成绩：
序号	项目	要求及允许偏差	检验方法	验收记录	分值	得分
1	正确选择养护方法	全部正确	检查		10	
2	正确填写养护记录表	全部正确	检查		15	
3	正确填写养护测温记录表	全部正确	检查		15	
4	养护结束后养护设施的归还	完好情况、数量等	检查		10	

实训质量检验记录及原因分析		评分权重 10%	成绩：
实训质量检验记录	质量问题分析	防治措施建议	

实训心得	评分权重 10%	成绩：

项目九：水工混凝土板浇筑实训

（一）教师教学指导参考（教学进程表）

水工混凝土板浇筑教学进程表

学习任务		水工混凝土板浇筑实训			
教学时间/学时		10		适用年级	综合实训
教学目标	知识目标	掌握水工混凝土板的浇筑工艺			
	技能目标	按照施工技术要求进行混凝土消力池板的浇筑			
	情感目标	学习实训课程的目的是使学生掌握混凝土浇筑实际操作的基本知识和基本技能，培养学生严肃认真、一丝不苟、理论联系实际、实事求是的工作作风，提高学生用辩证唯物主义观点认识问题、分析问题、解决问题的综合能力。			

教学过程设计

时间/min	教学流程	教学法视角	教学活动	教学方法	媒介	重点
10	安全，防护教育	引起学生的重视	师生互动，检查	讲解	图片	使用设备安全性
20	课程导入	激发学生的学习兴趣	布置任务，下发任务单，提出问题	项目教学引导文	图片，工具，材料	分组应合理，任务恰当，问题难易适当
30	学生自主学习	学生主动积极参与讨论及团队合作精神培养	根据提出的任务单及问题进行讨论，确定方案	项目教学，小组讨论	教材，材料，卡片	理论知识准备
30	演示	教师提问，学生回答	工具、设备的使用，规范的应用	课堂对话	设备，工具，施工规范	注重引导学生，激发学生的积极性
45	模仿（教师指导）	组织项目实施，加强学生动手能力	学生在实训基地完成设备的实际操作	个人完成，小组合作	设备，工具，施工规范	注意规范的使用
225	自己做	加强学生动手能力	学生分组完成施工机械的布置任务	小组合作	设备，工具，施工规范	注意规范的使用，设备的正确操作
45	学生自评	自我意识的觉醒，有自己的见解，培养沟通、交流能力	检查操作过程，数据书写，规范应用的正确性	小组合作	施工规范，学生工作记录	学生检查时应操作步骤
45	学生汇报，教师评价，总结	学生汇报总结性报告，教师给予肯定或指正	每组代表展示实操成果并小结，教师点评与总结	项目教学，学生汇报，小组合作	投影，白板	注意对学生的表扬与鼓励

（二）实训准备

1. 工具、设备准备

施工机具：混凝土搅拌机、电子磅秤、机械磅秤、坍落度筒、手推车、插入式振捣器、型材切割机、钢筋弯曲机、钢筋调直机、箍筋弯曲机、箍筋切断机等。

辅助工具：0.6m 刮杠、木抹子、尺子、灰桶、线绳、铁锹、钢筋扎钩、尖尾棘轮扳手、圆锤、卷尺、木锯、游标卡尺、混凝土拌和盘、墨斗、棒式温度计或酒精温度计等。

2. 材料准备

（1）实训每一小组需用混凝土原材料如表 3-10。

表 3-10　　　　　　　　　每实训小组需用混凝土原材料一览表

材料名称	规格	用量/kg	备注
砂	中砂	100	
碎石	5～40mm	500	
水泥	32.5MP	200	
水	自来水	200	

水泥、砂、石等各种材料要符合以下要求。

1）水泥：水泥的品种、标号、厂别及牌号应符合混凝土配合的要求。水泥应有出厂合格证及进场试验报告。

2）砂：砂的粒径及产地应符合混凝土配合比的要求。

3）石子（碎石或卵石）：石子的粒径、级配及产地应符合混凝土配合比的要求。

4）水：宜采用饮用水。其他水，其水质必须符合 JGJ 63—89《混凝土拌和用水标准》的规定。

（2）模板、架子、钢筋准备。

1）模板可采用组合钢模板和竹胶板，数量充足，并备有木方（50mm×40mm）若干。

2）架子采用钢管和扣件（直角扣件、对接扣件）。

3）钢筋应备齐案例中用到的所有规格的钢筋，并数量充足。

3. 实训案例

某水利工程溢洪道消力池的横剖面图如图 3-25 所示，消力池底板采用 C25 混凝土，保护层厚度 40mm。实训时建议采用的底板尺寸为：长 80cm；宽 60cm；高 40cm。钢筋按图中规格要求加工安装，可用实训室现有的钢筋进行调整。混凝土配合比采用项目二的计算成果。

4. 现场准备

1）场地压实、平整，铺 5～10mm 细砂。

2）电子计量器、机械台秤经检查衡量准确、灵活，振捣器（棒）经检验试运转正常。

3）混凝土搅拌机经检验试运转正常。

4）钢筋加工机械、型材切割机经检验试运转正常。

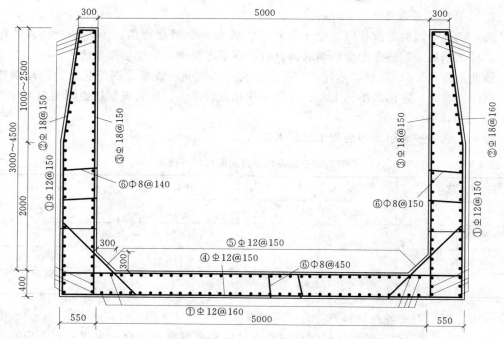

图 3-25 消力池横剖面图

（三）实训步骤

1. 实训施工工艺流程（见图 3-26）

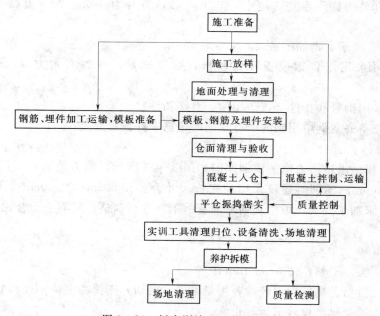

图 3-26 板实训施工工艺流程图

2. 实训步骤

(1) 小组分工，明确自己的工作任务。每小组 18～24 人，分 3 个作业组，即钢筋、模板、混凝土作业组，负责不同的施工作业，每小组浇筑 3 个案例所示底板，作业组的施工任务要轮换，以达到实训效果。

(2) 施工准备，场地平整清理。各小组学习安全规程，领取施工工具，检查机械并试运转。场地杂物、土泥均应清除干净，地基压实处理，场地平整。

(3) 模板的制作，钢筋构件的下料计算、加工。根据案例计算模板的使用量。若用组合钢模板应画出安装草图，用竹胶板需画出加工草图与安装示意图。

根据案例完成钢筋下料表，并按下料表进行钢筋构件的制作

(4) 按照施工配合比投料进行混凝土的搅拌，质量控制。用混凝土搅拌机拌制混凝土，应检查混凝土所用原材料的品种、规格、用量、坍落度及和易性，每一个工作班至少两次。混凝土的搅拌时间应随时检查。

(5) 模板、钢筋及埋件的安装。

1) 模板施工放样与安装。

a. 模板安装。模板安装前应首先检查面板的平整度，面板不平整、不光滑，达不到要求的不得使用。模板安装时面板应清理干净，并刷好脱模剂，脱模剂应涂刷均匀，不得漏刷。为防止漏浆出现挂帘现象，模板安装就位前，在模板底口粘贴双面胶。每一层模板安装时，进行测量放样，校正垂直度平整度及起层高程，确保印迹线、孔位整齐一致。混凝土浇筑过程中，设置木工专人值班，发现问题及时解决。模板安装的允许偏差，应遵守 GB 50204—2002 中的有关规定，见表 3-11。

表 3-11　　　　　　　　　　　模板安装的允许偏差　　　　　　　　　　单位：mm

项次	偏差项目		混凝土结构的部位	
			外露表面	隐蔽内面
1	模板平整度	相邻两板面高差	1	3
		局部不平（用 2m 直尺检查）	3	5
2	结构物边线与设计边线		-5～0	10
3	结构物水平截面内部尺寸		±10	
4	承重模板标高		0～5	
5	预留孔、洞尺寸及位置		5	

b. 模板加固。钢模一般使用 Φ48 钢管做模板围图，视仓位高度采用 Φ16、Φ12、Φ10 钢筋拉条，勾头螺栓。胶合板采用 5cm×10cm 木围图和 Φ48 钢管围图。

2) 钢筋及埋件的安装。

a. 钢筋的加工制作流程见图 3-27，在钢筋加工场地内完成。加工前，各小组认真阅读施工详图，以每仓位为单元，编制钢筋放样加工单，经复核后转入制作工序；根据放样单的规格、型号选取原材料。依据有关规范的规定进行加工制作；成品、半成品经质检员及时检查验收；合格品转入成品区，分类堆放、标识。成品钢筋符合表 3-12 和表 3-13 的规定。

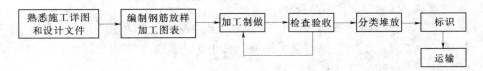

图 3-27　钢筋制作流程图

表 3-12　　　　　　　　　　　圆钢筋制成箍筋其末端弯钩表　　　　　　　　　　　单位：mm

箍筋直径	受力钢筋直径	
	≤25	28~40
5~10	75	90
12	90	105

表 3-13　　　　　　　　　　　　　加工后钢筋的允许偏差

序　号	偏 差 名 称	允许偏差
1	受力钢筋全长净尺寸的偏差	±10mm
2	箍筋各部分长度的偏差	±5mm
3	钢筋弯起点位置的偏差	±30mm
4	钢筋转角的偏差	±3°

　　b. 钢筋的安装。钢筋运输前，依据放样单，逐项清点，确认无误后，按施工仓位安排分批提取，用人工运抵现场，按要求现场安扎。钢筋焊接和绑扎符合施工规范的规定以及施工图纸要求。绑扎时根据设计图纸，测放出中线、高程等控制点，根据控制点，对照图纸，利用预埋锚筋，布设好钢筋网骨架。钢筋网骨架设置核对无误后，铺设分布钢筋。钢筋采用人工绑扎，绑扎时使用扎丝梅花形间隔扎结，钢筋结构和保护层调整好后垫设预制混凝土块，并用电焊加固骨架确保牢固。钢筋的安装、绑扎、焊接，除满足设计要求外，还应符合表 3-14 和表 3-15 中的规定。

表 3-14　　　　　　　　　　　　　受拉钢筋的最小锚固长度

项　次	钢 筋 类 型		混凝土强度等级				
			C15	C20	C25	C30、C35	≥C40
1	Ⅰ级钢筋		50d	40d	30d	25d	25d
2	月牙纹	Ⅱ级钢筋	60d	50d	40d	40d	30d
3		Ⅲ级钢筋	—	55d	50d	40d	35d
4	冷轧带肋钢筋		—	50d	40d	35d	30d

注　1. 当月牙纹钢筋直径 d 大于 25mm 时，L_a 按表中数值增加 5d 采用。
　　2. 构件顶层水平钢筋（其下浇筑的新混凝土厚度大于 1m），其 L_a 宜按表中数值乘以 1.2 采用。
　　3. 在任何情况下，纵向受拉的Ⅰ、Ⅱ、Ⅲ级钢筋的 L_a 不应小于 250mm 或 20d；纵向受拉的冷轧带肋钢筋的 L_a 不应小于 200mm。
　　4. 钢筋间距大于 180mm，保护层厚度大于 80mm 时，L_a 可按表中数值乘以 0.8 采用。
　　5. 表中此项Ⅰ级光面钢筋的 L_a 值不包括端部弯钩长度。

表 3 - 15　　　　　　　　　钢筋安装位置的允许偏差　　　　　　　　单位：mm

项　　目				允许偏差
绑扎箍筋、横向钢筋间距				±20
钢筋弯起点位置				20
绑扎钢筋骨架	长			±10
	宽、高			±5
受力钢筋	间距			±10
	排距			±5
	保护层厚度	基础		±10
		柱、梁		±5
		板、墙		±3
绑扎钢筋网	度、宽			±10
	网眼尺寸			±20
预埋件	中心线位置			5
	水平高差			+3, 0

（6）仓面清理与验收。

1）钢筋工程的验收。钢筋的验收实行"三检制"，检查后随仓位验收一起报指导教师终验签证。钢筋接头连接质量的检验，由监理工程师现场随机抽取试件，三个同规格的试件为一组，进行强度试验，如有一个试件达不到要求，则双倍数量抽取试件，进行复验。若仍有一个试件不能达到要求，则该批制品即为不合格品。不合格品，采取加固处理后，提交二次验收。钢筋的绑扎应有足够的稳定性。在浇筑过程中，安排值班人员盯仓检查，发现问题及时处理。

2）模板验收。仓位验收前，对模板进行彻底吹扫，模板补充刷油，模板油一律使用色拉油或45号轻机油。刷油标准：油沫附着均匀，不得流淌或有污物，并不得污染仓面。模板架设正确，牢固，不走样。

3）仓面验收。仓内施工项目施工完成并自检合格后，小组自检并及时通知指导教师进行检查，只有在指导检查认可并在检查记录上签字后，方可进行混凝土浇筑。

（7）混凝土运输。混凝土原材料、配合比、试验成果均在得到指导教师批准、认可后，方可使用。混凝土拌和将按指导教师批准的、由项目二计算的混凝土配料单进行生产。

手推车运输混凝土过程中要平稳、不漏浆。

（8）混凝土平仓、振捣。混凝土平仓方式，将振捣棒插入料堆顶部，缓慢推或拉动振捣棒，逐渐借助振动作用铺平混凝土。平仓不能代替振捣，并防止骨料分离。

振捣器在仓面按一定的顺序和间距逐点振捣，间距为振捣作用半径的 1.5 倍，并插入下层混凝土面 5cm；每点上振捣时间控制在 15～25s，以混凝土表面停止明显下沉，周围无气泡冒出，混凝土面出现一层薄而均匀的水泥浆为准。混凝土振捣要防止漏振及过振，以免产生内部架空及离析。

混凝土浇筑应保持连续性，如因故中止且超过允许间歇时间（自出料至覆盖上坯混凝土为止），则应按工作缝处理。若能重塑者，则仍能继续浇筑混凝土。混凝土能否重塑的现场判别方法为：将振动棒插入混凝土内，振捣 30s，振捣棒周围 10cm 内仍能泛浆且不留孔洞则视为混凝土能够重塑；否则，停止浇筑，作为"冷缝"，按施工缝处理。

混凝土下料时，要距离模板、预埋件 1m 以上，且罐（或出料）口方向要背向仓内结构物方向，防止混凝土直接冲击构造物及堵塞管道。

混凝土入仓后要及时平仓振捣，要随浇随平，不得堆积，并配置足够的劳力将堆积的粗骨料均匀散铺至砂浆较多处，但不得用砂浆覆盖，以免造成内部架空。

雨季浇筑时，开仓前要准备充足的防雨设施。在混凝土浇筑过程中，如遇大雨、暴雨，立即暂停浇筑，并及时用防雨布将仓面覆盖。雨后排除仓内积水，处理好雨水冲刷部位，未超过允许间歇时间或仍能重塑时，仓面铺设砂浆继续浇筑，否则按施工缝面处理。

（9）场地清理，设备、工具清理归位，养护。混凝土浇筑完成后，要将实训场地清理干净，实训设备清理干净并归位，工具清理并归位，填写实训室实训记录单。

混凝土浇筑收仓后，及时对混凝土表面养护，高温和较高温季节表面进行流水养护，低温季节表面洒水养护。永久面用花管洒水养护，养护时间为混凝土的龄期或上一仓混凝土覆盖，不少于 28d。模板与混凝土表面在模板拆除之前及拆除期间均保持潮湿状态。

（10）拆模。

1）不承重的侧面模板在混凝土强度达到 2.5MPa 以上，并且能保证其表面及棱角不因拆模而损坏时开始拆除。

2）钢筋混凝土结构的承重模板在混凝土达到下列强度后开始拆除，见表 3-16。经计算复核，混凝土结构的实际强度已能承受自重和其他实际荷载时，报指导教师批准后方可提前拆模。

表 3-16　　　　　　　　　　底 模 拆 模 标 准

结 构 类 型	结构跨度/m	按设计的混凝土强度标准值的百分率计 /%
板	≤2	50
	>2，≤8	75
	>8	100
梁、拱、壳	≤8	75
	>8	100
悬臂构件	≤2	75
	>2	100

3）拆模时使用专门工具并且根据锚固情况分批拆除锚固连接件，以防止大片模板坠落或减少混凝土及模板的损伤。拆下的模板、支架及配件及时清理、维修，并分类堆存及妥善保管。

（11）质量检测。混凝土拆模养护达到28d后，用混凝土回弹仪和超声波检测仪对混凝土进行质量检查。

（四）质量要求

1）浇筑地基必须验收合格后，方可进行混凝土浇筑的准备工作。

2）浇筑混凝土前，应详细检查有关准备工作：地基处理情况，混凝土浇筑的准备工作，模板、钢筋、预埋件及止水设施等是否符合设计要求，并应做好记录。

3）浇筑混凝土前，必须先铺一层1～2cm的水泥砂浆。

4）不合格的混凝土严禁入仓；已入仓的不合格的混凝土必须清除。

5）混凝土浇筑期间，如表面泌水较多，应及时研究减少泌水的措施。仓内的泌水必须及时排除。严禁在模板上开孔赶水，带走灰浆。

6）浇筑混凝土时，合理布置振捣点。每一位置的振捣时间，以混凝土不再显著下沉、不出现气泡并开始泛浆时为准。

7）任务单填写完整、内容准确、书写规范。

8）各小组自评要有书面材料，小组互评要实事求是。

（五）学生实训任务单

实训任务单1　　　　　　　模　板　工　程

姓名：	班级：	指导教师：		总成绩：	
相关知识		评分权重10%		成绩：	
竹胶板模板架设的技术要求					
实训知识		评分权重15%		成绩：	
1.根据案例计算模板的工程量					
2.模板架设示意图					
考核验收				评分权重50%	成绩：
序号	项目	要求及允许偏差	检验方法	验收记录	分值	得分
1	正确选择工具	全部正确	检查		10	
2	施工工艺正确	工序正确	检查		20	
3	模板安装正确	全部正确符合规范	检查		20	
4	模板间缝隙控制	全部正确	观察、检查		10	

序号	项目	要求及允许偏差	检验方法	验收记录	分值	得分
5	模板的接缝不应漏浆	全部正确	观察、检查		10	
6	模板与混凝土的接触面应清理干净并涂刷隔离剂	全部正确	观察、检查		10	
7	模板的拆除	全部正确	观察、检查		20	

实训质量检验记录及原因分析		评分权重10%	成绩:
实训质量检验记录	质量问题分析	防治措施建议	

实训心得	评分权重15%	成绩:

实训任务单2　　　　　钢　筋　工　程

姓名:	班级:	指导教师:	总成绩:
相关知识		评分权重10%	成绩:
1. 钢筋工的技术要求			
2. 钢筋的施工工艺			
实训知识		评分权重20%	成绩:
1. 根据案例进行钢筋下料计算			
2. 钢筋配料单编制			
3. 加工产品是否合格			

考核验收					评分权重50%	成绩:
序号	项目	要求及允许偏差	检验方法	验收记录	分值	得分
1	正确选择工具	全部正确	检查		10	
2	施工工艺正确	全部正确	检查		20	
3	钢筋加工方法正确	全部正确	检查		10	
4	钢筋加工技术熟练	全部正确	观察		10	
5	钢筋绑扎的操作方式正确	全部正确	观察、检查		20	
6	操作安全、规范	全部正确	观察		10	
7	钢筋安装正确	全部正确	观察、检查		20	

实训质量检验记录及原因分析		评分权重10%	成绩:

实训质量检验记录	质量问题分析	防治措施建议

实训心得	评分权重10%	成绩:

实训任务单3　　　　　　　　**混凝土养护情况记录表**

单位（子单位）工程名称					养护部位	
混凝土强度等级			抗渗等级		抗折强度/MPa	
水泥品种及等级			外加剂名称		掺合料名称	
混凝土浇筑开始时间	年 月 日 时 分		混凝土浇筑完毕时间	年 月 日 时 分	第一次养护时间	年 月 日 时 分
养护方式	自然	加热	养护天数		第一次荷载时间	年 月 日 时 分

日常养护记录					
工作日	日期	日平均气温	养护方法	养护人签名	见证人签名
1					
2					
3					
4					
5					
6					
7					
8					
9					
10					
11					
12					
13					
14					
混凝土养护情况检查结论	（学生）养护人		（指导教师）见证人		
	年 月 日				

实训任务单 4　　　　　　　混凝土养护测温记录

工程名称													
部位					养护方法				测温方式				
测温时间			大气温度/℃	各测孔温度/℃							平均温度/℃		间隔时间/h	
月	日	时												
指导教师				专业质检员（学生）					记录人（学生）				

注　附测温孔布置图及测温孔剖面图。

实训任务单 5　　　　混凝土底板浇筑综合评价表

姓名：		班级：	指导教师：		总成绩：	

相关知识				评分权重 5%	成绩：	
1. 混凝土板的浇筑方法与技术要求						
2. 混凝土板浇筑质量的检测						

实训知识				评分权重 10%	成绩：	
1. 混凝土施工配合比						
2. 案例中混凝土底板的浇筑准备工作有哪些						
3. 画出实训浇筑的混凝土板的立体图						

考核验收				评分权重 70%	成绩：	
序号	项目	要求及允许偏差	检验方法	验收记录	分值	得分
1	正确选择实训设备和仪器	全部正确	检查		5	
2	混凝土配料	称量精确（水泥、水 ± 0.3%，骨料 ±0.5%）	检查		5	
3	混凝土拌制	按照石子、水泥、砂子、水一次加料，拌和 3 遍	观察、检查		5	
4	混凝土拌和物和易性检验（坍落度试验）	除了坍落度外，还需要目测：棍度、黏聚性、含砂情况、析水情况	观察、检查		5	
5	混凝土入仓浇筑	方法正确	观察、检查		5	
6	混凝土振捣	振捣器使用正确，并符合安全规程	观察、检查		5	
7	混凝土块抹面	抹面规范，表面平整	观察、检查		5	
8	选择养护方法	正确	检查		5	
9	钢筋工程	实训任务单 2 填写完整，内容准确	检查		25	
10	模板工程	实训任务单 1 填写完整，内容准确	检查		25	

考核验收				评分权重 70%		成绩：
序号	项目	要求及允许偏差	检验方法	验收记录	分值	得分
11	填写养护记录表	实训任务单 3 填写完整，内容准确	检查		3	
12	填写养护测温记录表	实训任务单 4 填写完整，内容准确	检查		2	
13	混凝土抗压强度试验	试验方法正确，记录计算准确	观察、检查		3	
14	测量现场骨料含水率	检测方法得当，结果准确	观察、检查		2	
实训质量检验记录及原因分析				评分权重 5%		成绩：
实训质量检验记录		质量问题分析		防治措施建议		
实训心得				评分权重 10%		成绩：

项目十：大体积水工混凝土浇筑实训

（一）教师教学指导参考（教学进程表）

大体积水工混凝土浇筑教学进程表

学习任务		大体积水工混凝土浇筑实训				
教学时间/学时		8		适用年级		综合实训
教学目标	知识目标	掌握大体积水工混凝土的浇筑方法及其质量检查方法				
	技能目标	（1）根据设计图纸（学校实训室提供），完成大体积水工混凝土的浇筑； （2）完成大体积水工混凝土浇筑的质量检查				
	情感目标	具有安全、文明施工、劳动保护意识				
教学过程设计						
时间/min	教学流程	教学法视角	教学活动	教学方法	媒介	重点
20	安全，防护教育	引起学生的重视	师生互动，检查	讲解	图片	使用设施安全性
25	课程导入	激发学生的学习兴趣	布置任务，下发任务单，提出问题	项目教学引导文	图片，工具，材料	分组应合理，任务恰当，问题难易适当

148

时间/min	教学流程	教学法视角	教学活动	教学方法	媒介	重点
20	学生自主学习	学生主动积极参与讨论及团队合作精神培养	根据提出的任务单及问题进行讨论,确定方案	项目教学,小组讨论	教材,材料	理论知识准备
25	演示	教师提问,学生回答	工具,设备的使用,规范的应用	课堂对话	设备,工具,施工规范	注重引导学生,激发学生的积极性
45	模仿(教师指导)	组织项目实施,加强学生动手能力	学生在实训基地完成大体积混凝土的浇筑	小组合作	设备,工具,施工规范	注意规范的使用
180	自己做	加强学生动手能力	学生分组完成任务	小组合作	设备,工具,施工规范	注意规范的使用,设备的正确操作
20	学生自评	自我意识的觉醒,有自己的见解培养沟通、交流能力	检查操作过程,数据书写,规范的应用的正确性	小组合作	施工规范,学生工作记录	学生检查操作步骤
25	学生汇报,教师评价,总结	学生汇报总结性报告,教师给予肯定或指正	每组代表展示实操成果并小结,教师点评与总结	项目教学,学生汇报,小组合作	投影,白板	注意对学生的表扬与鼓励

(二)实训准备

1. 工具、设备准备

施工机具:混凝土拌和机、磅秤、坍落度筒、手推车、插入式振捣器、砂浆称量器等。

辅助机具:1m 刮杠、木抹子、尺子、灰桶、线绳、铁锹、铁耙、棒式温度计或酒精温度计等。

2. 材料准备

实训每一小组(每一实训工位)需用材料如表 3-17。

表 3-17　　　　　　　　每实训小组需用材料一览表

材料名称	规格	用量/kg	备注
砂	中砂	400	
碎石	5~40mm	750	
水泥	32.5MP	150	
水	自来水	100	

水泥、砂、石等各种材料需符合以下要求:

1)水泥:水泥的品种、标号、厂别及牌号应符合混凝土配合比通知单的要求。水泥应有出厂合格证及进场试验报告。

2）砂：砂的粒径及产地应符合混凝土配合比通知单的要求。

3）石子（碎石或卵石）：石子的粒径、级配及产地应符合混凝土配合比通知单的要求。

4）水：宜采用饮用水。其他水，其水质必须符合 JGJ 63—89《混凝土拌和用水标准》的规定。

5）外加剂：所用混凝土外加剂的品种、生产厂家及牌号应符合配合比通知单的要求，外加剂应有出厂质量证明书及使用说明。国家规定要求认证的产品，还应有准用证件。

3. 现场准备

1）浇筑混凝土层段的模板、钢筋、预埋铁件及管线等全部安装完毕并验收合格。

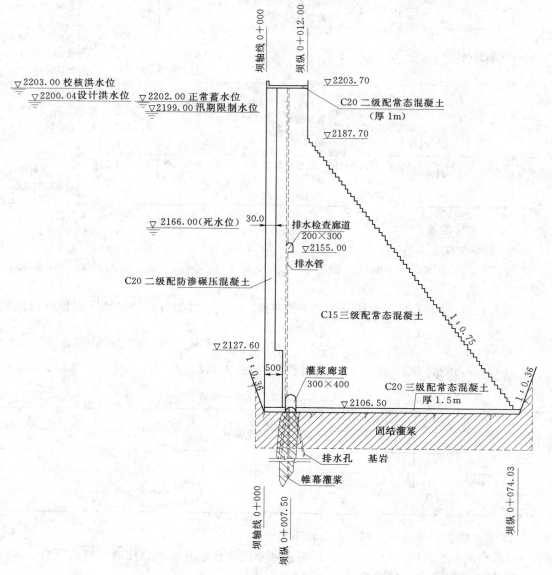

图 3-28　实训案例施工图（尺寸单位：cm；高程单位：m）

150

2）浇筑混凝土用架子及走道已支搭完毕，运输道路及车辆准备完成，经检查合格。

3）与浇筑面积匹配的混凝土工及振捣棒数量。

4）电子计量器经检查衡量准确、灵活，振捣器（棒）经检验试运转正常。

5）混凝土浇筑令已签发。

6）做好防雨措施。

4. 实训案例

某重力坝剖面图如图3-28所示，对学生进行大体积混凝土实训时，按重力坝施工分缝分块原则，取内部C15三级常态混凝土浇筑进行，根据实训室条件，建议浇筑块长、宽、高分别为：1m、0.6m、0.8m，混凝土施工配合比为水：水泥：砂子：石子＝1：0.45：1.55：3.75。

（三）实训步骤

1. 施工工艺流程

施工工艺流程如图3-29所示。

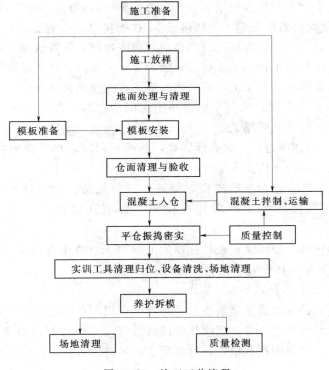

图3-29 施工工艺流程

2. 实训步骤

（1）小组分工，明确自己的工作任务。

（2）投料前配合比的调整。根据试验室已下达的混凝土配合比通知单，并将其转换为每盘实际使用的施工配合比，并公布于搅拌配料地点的标牌上。

混凝土配料、搅拌、运输要求详见项目四、项目五。

3. 大体积混凝土浇筑

（1）大体积混凝土的浇筑方法。大体积混凝土的浇筑分全面分层、分段分层、斜面分层等 3 种方法。

1）全面分层：浇筑混凝土时从短边开始，沿长边方向进行浇筑，要求在逐层浇筑过程中，第二层混凝土要在第一层混凝土初凝前浇筑完毕。

2）分段分层：分段分层方案适用于结构厚度不大而面积或长度较大的情况。

3）斜面分层：混凝土振捣工作从浇筑层下端开始逐渐上移。斜面的角度一般取小于或等于 45°（视混凝土的坍落度而定），每层厚度按垂直于斜面的距离计算，不大于振动棒的有效振捣深度，一般取 500mm 左右。斜面分层方案多用于长度较大的结构。

（2）大体积混凝土浇筑与振捣的一般要求。

1）混凝土自料口下落的自由倾落高度不得超过 2m，如超过 2m 时必须采取措施。

2）浇筑混凝土时应分段分层连续进行，每层浇筑高度应根据结构特点、钢筋疏密程度决定，一般分层高度为振捣器作用部分长度的 1.25 倍，最大不超过 50cm。

3）使用插入式振捣器应做到"快插慢拔"，在振捣过程中宜让振捣棒上下略微抽动，使上下振动均匀，插点要均匀排列，逐点移动，顺序进行，不得遗漏，做到均匀振实。移动间距不大于振捣棒作用半径的 1.5 倍（一般为 30～40cm），每点振捣时间以 20～30s 为准，确保混凝土表面不再明显下沉，不再现气泡，表面泛出灰浆为准。对于分层部位，振捣棒应插入下层 5cm 左右以消除上下层混凝土之间的缝隙。振捣棒不得漏振，振捣时不得用振动棒赶浆，不得振动钢筋。

4）浇筑混凝土应连续进行。如必须间歇，其间歇时间应尽量缩短，并应在前层混凝土初凝之前，将次层混凝土浇筑完毕。

5）浇筑混凝土时应经常观察模板、钢筋、预留孔洞、预埋件和插筋等有无移动、变形或堵塞情况，发现问题应立即停止浇筑，并应在已浇筑的混凝土凝结前修整完好。

（3）混凝土的抹面。浇筑完成设计标高后的混凝土，应由专门的抹面人员收面找平。用 2m 刮杠找平，并用木抹子收平混凝土面。

4. 大体积混凝土的养护及测温

大体积混凝土养护在混凝土浇筑中起着重要的作用。在混凝土浇筑后及时对混凝土塑料薄膜覆盖，覆膜的作用主要是降低水化热的释放速度。大体积混凝土宜采用自然养护，但应根据气候条件采取温度控制措施，对混凝土内外进行测温，使混凝土浇筑后内外温差 $\Delta t \leqslant 25\,℃$。

（1）混凝土测温。

1）测温孔布置。测温采用电子测温仪，温度感应探头，先预埋钢筋（$\Phi 20$，长 0.6m），钢筋下端用镀锌铁皮焊死，预埋入混凝土内，钢筋上端高出混凝土面 50mm，再沿钢筋设上、中、下 3 个测温探头，分别标识为该测点混凝土上、中、下 3 个不同深度的温度，如图 3-30 所示。

2）测温方法。将温度计伸入管内中下部位置，3min 后迅速提出温度计读取温度读数，并按测温孔平面布置图的编号依次测量并记录数据。

3）混凝土初凝后，开始测温，第一天至第七天每 4h 测温一次，第七天至第十四天每 8h 测温一次。值班人员分 3 班测温，对每一孔进行编号，做好测温记录，根据测温结果绘制温差变化曲线，混凝土内温度连续 24h 呈下降趋势且平稳时，可停止测温。

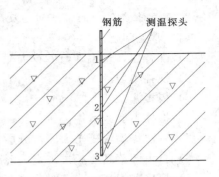

图 3-30　测温孔平面布置图

（2）大体积混凝土养护注意事项。

1）混凝土应连续养护，养护期内始终使混凝土表面保持湿润。

2）混凝土养护时间，不宜少于 28d，有特殊要求的部位宜适当延长养护时间。

3）混凝土养护应有专人负责，并应做好养护记录。

4）混凝土的养护用水应与拌制用水相同。特别注意：①当日平均气温低于 5℃时，不得浇水；②当采用其他品种水泥时，混凝土的养护应根据所采用水泥的技术性能确定。

5）养护人员高空作业要系安全带，穿防滑鞋。

6）养护用的支架要有足够的强度和刚度、篷帐搭设要规范合理。

（四）质量要求

1. 质量要求

大体积混凝土施工遇炎热、冬期、大风或者雨雪天气等特殊气候条件时，必须采用有效的技术措施，保证混凝土浇筑和养护质量，并应符合下列规定：

1）在炎热季节浇筑大体积混凝土时，宜将混凝土原材料进行遮盖，避免日光曝晒，并用冷却水搅拌混凝土，或采用冷却骨料、搅拌时加冰屑等方法降低入仓温度，必要时也可在混凝土内埋设冷却管通水冷却。混凝土浇筑后应及时保湿保温养护，避免模板和混凝土受阳光直射。条件许可时应避开高温时段浇筑混凝土。

2）冬期浇筑混凝土，宜采用热水拌和、加热骨料等措施提高混凝土原材料温度，混凝土入模温度不宜低于 5℃。混凝土浇筑后应及时进行保温保湿养护。

3）大风天气浇筑混凝土，在作业面应采取挡风措施，降低混凝土表面风速，并增加混凝土表面的抹压次数，及时覆盖塑料薄膜和保温材料，保持混凝土表面湿润，防止风干。

4）雨雪天不宜露天浇筑混凝土，当需施工时，应采取有效措施，确保混凝土质量。浇筑过程中突遇大雨或大雪天气时，应及时在结构合理部位留置施工缝，尽快中止混凝土浇筑；对已浇筑还未硬化的混凝土应立即进行覆盖，严禁雨水直接冲刷新浇筑的混凝土。

5）混凝土强度达到 1.2N/mm² 前，不得在其上踩踏或安装模板及支架。

6）混凝土表面不得上人过早，不能集中堆放物件。

2. 混凝土浇筑中的常见问题及防治措施

（1）常见问题。

1）配合比计量不准，砂石级配不好。

2）搅拌不匀。

3）模板漏浆。

4）振捣不够或漏振。

5）一次浇捣混凝土太厚，分层不清，混凝土交接不清，振捣质量无法掌握。

6）自由倾落高度超过规定，混凝土离析、石子赶堆。

7）振捣器损坏，或临时断电造成漏振。

8）振捣时间不充分，气泡未排除。

（2）防治措施。

1）严格控制配合比，严格计量，经常检查。

2）混凝土搅拌要充分、均匀。

3）下料高度超过2m要用串筒或溜槽。

4）分层下料，分层捣固，防止漏振。

5）堵严模板缝隙，浇筑中随时检查纠正漏浆情况。

（3）混凝土常见缺陷及处理措施。

1）蜂窝：原因是混凝土一次下料过厚，振捣不实或漏振；模板有缝隙，水泥浆流失；钢筋较密而混凝土坍落度过小或石子过大；基础、柱、墙根部下层台阶浇筑后未停歇就继续浇筑上层混凝土，以致上层混凝土根部砂浆从下部涌出而造成。处理措施为：① 对小蜂窝，洗刷干净后按水泥砂浆比1：2抹平压实；② 较大蜂窝，凿去薄弱松散颗粒，洗净后支模，用高一强度等级的细石混凝土仔细填塞捣实；③ 较深蜂窝可在其内部埋压浆管和排气管，表面抹砂浆或浇筑混凝土封闭后进行水泥压浆处理。

2）麻面：原因是模板表面不光滑或模板湿润不够，构件表面混凝土易粘附在模板上造成脱皮麻面。防治措施如下：① 模板要清理干净，浇筑混凝土前木模板要充分湿润，钢模板要均匀涂刷隔离剂；② 堵严板缝，浇筑中随时处理好漏浆；③ 振捣应充分密实。

3）孔洞：原因是在钢筋较密的部位混凝土被卡，未经振捣就继续浇筑上层混凝土。防治措施为：① 在钢筋密集处采用高一强度等级的细石混凝土，认真分层捣固或配以人工插捣；② 有预留孔洞处应从其两侧同时下料，认真振捣；③ 及时清除落入混凝土中的杂物，凿除孔洞周围松散混凝土，用高压水冲洗干净，立模后用高一强度等级的细石混凝土仔细浇筑捣固。

4）露筋：原因是钢筋垫块位移，间距过大、漏放，钢筋紧贴模板造成露筋或梁、板底部振捣不实也可能出现露筋。防治措施如下：① 浇筑混凝土前应检查钢筋及保护层垫块位置正确，木模板应充分湿润；② 钢筋密集时粗集料应选用适当粒径的石子；③ 保证混凝土配合比与和易性符合设计要求，表面露筋可洗净后在表面抹1：2水泥砂浆，露筋较深应处理好界面后用高一级细石混凝土填塞压实。

实训任务单 1

混凝土浇筑申请表

工程名称		编号	

致＿＿＿＿＿＿＿＿＿＿＿＿＿＿（学校实训室）：

　　下列工程（部位）的模板、钢筋工程等已施工完毕，经自检符合施工技术规范和设计要求，报请验证，并准予浇筑混凝土。

附件：1. □ 预拌混凝土质量证明书
　　　2. □ 自捣混凝土的配合比通知单
　　　3. □ 钢筋、水泥、砂石等材料的报审表

实训班级（组）：　　　　　实训指导教师（签字）：　　　日期：

工程部位名称	混凝土强度等级	备　注

开始浇筑时间：＿＿＿＿年＿＿＿＿月＿＿＿＿日＿＿＿＿时
预计结束时间：＿＿＿＿年＿＿＿＿月＿＿＿＿日＿＿＿＿时

学校实训室审核意见：

实训室主任（签字）：　　　　　日期：

注　本表由实训小组填写，一式两份，送指导教师审核后指导教师、实训小组各一份。

实训任务单 2

混 凝 土 浇 筑 令

工程名称		实训班级（组）	
浇筑部位		混凝土强度	
浇筑时间	年　月　日至　　年　月　日	浇筑量	

以下内容是否通过验收（通过的项目请填验收人姓名）

1	钢筋		4	测量		7	空调通风	
2	模板		5	给排水		8	弱电	
3	材料		6	强电		9	其他	

以下材料进场的数量、质量能否满足本次浇捣要求					
1	砂		4	掺合料1	
2	石子		5	外加剂1	
3	水泥		6	外加剂2	

材 料 用 量 指 标

	水泥	石子	砂	水	掺合料1	外加剂1	外加剂2
实验用量 /(kg·m⁻³)							
实验配比							
现场配比							
每盘用量 /(kg·m⁻³)							
水灰比							

指导教师审批意见：

学校实训室主任（签字）：

年　月　日

浇捣要求：

1. 浇捣前模板清理干净，浇水湿润；

2. 格控制水灰比，按要求配料，振捣密实

注　本表一式三份，实训小组、指导教师、学校实训室各一份。

实训任务单 3

混凝土浇筑（现场拌制）记录表

实训班组		编号	
工程名称		浇筑部位	
浇筑日期		天气情况	室外温度	
混凝土设计强度		钢筋模板验收负责人	

	配比通知单号					
自拌	混凝土配合比	材料名称	规格及产地	每立方米用量	材料含水量	每盘用量
		水泥				
		砂子				
		石子				
		水				
		外加剂				
实测坍落度		出盘温度			入模温度	
混凝土完成数量			完成时间			
试件留置	取样时间					
	试块编号					
混凝土浇筑中出现的问题及处理情况						
实训小组负责人		填表人			指导教师（签字）	

注 本记录每浇筑一次混凝土，记录一张。

实训任务单 4

姓名：		班级：		指导教师：		总成绩：
	相关知识			评分权重 10%		成绩：
1. 什么叫混凝土配合比、施工配合比						
2. 举例说明水利工程中的大体积混凝土结构						
3. 常用混凝土搅拌机的种类有哪些						
4. 混凝土常见的运输机械有哪些						
	实践知识			评分权重 10%		成绩：
1. 混凝土浇筑前的准备工作主要包括哪些						
2. 搅拌混凝土时，对投料顺序和搅拌时间有何规定						
3. 混凝土振捣器的操作要点						

4. 大体积混凝土养护要求

考核验收				评分权重 60%		成绩	
序号	项目	要求及允许偏差	检验方法	验收记录		分值	得分
1	正确设计混凝土配合比	全部正确	检查			10	
2	插入式振动器的操作要点	全部正确	询问、检查			30	
3	混凝土搅拌机的操作规程	全部正确	询问、检查			30	
4	一般混凝土的缺陷修整	正确处理	询问、检查			10	
实训质量检验记录及原因分析				评分权重 10%		成绩	
实训质量检验记录		质量问题分析		防治措施建议			
实训心得				评分权重 10%		成绩：	

项目十一：混凝土梁浇筑实训项目

（一）教师教学指导参考（教学进程表）

混凝土梁浇筑教学进程表

学习任务		混凝土梁浇筑实训			
教学时间/学时		6	适用年级		综合实训
教学目标	知识目标	掌握混凝土梁的浇筑方法及其质量检查方法			
	技能目标	（1）根据设计图纸（学校实训室提供），完成混凝土梁的浇筑； （2）混凝土梁浇筑的质量检查			
	情感目标	具有安全、文明施工、劳动保护意识			

教学过程设计						
时间/min	教学流程	教学法视角	教学活动	教学方法	媒介	重点
20	安全，防护教育	引起学生的重视	师生互动，检查	讲解	图片	使用设施安全性
25	课程导入	激发学生的学习兴趣	布置任务，下发任务单，提出问题	项目教学引导文	图片，工具，材料	分组应合理，任务恰当，问题难易适当

时间/min	教学流程	教学法视角	教学活动	教学方法	媒介	重点
20	学生自主学习	学生主动积极参与讨论及团队合作精神培养	根据提出的任务单及问题进行讨论，确定方案	项目教学，小组讨论	教材，材料	理论知识准备
25	演示	教师提问，学生回答	工具，设备的使用，规范的应用	课堂对话	设备，工具，施工规范	注重引导学生，激发学生的积极性
45	模仿（教师指导）	组织项目实施，加强学生动手能力	学生在实训基地完成混凝土梁的浇筑	小组合作	设备，工具，施工规范	注意规范的使用
90	自己做	加强学生动手能力	学生分组完成任务	小组合作	设备，工具，施工规范	注意规范的使用，设备的正确操作
20	学生自评	自我意识的觉醒，有自己的见解，培养沟通、交流能力	检查操作过程，数据书写，规范应用的正确性	小组合作	施工规范，学生工作记录	学生检查操作步骤
25	学生汇报，教师评价，总结	学生汇报总结性报告，教师给予肯定或指正	每组代表展示实操成果并小结，教师点评与总结	项目教学，学生汇报，小组合作	投影，白板	注意对学生的表扬与鼓励

（二）实训准备

1. 工具、设备准备

施工机具：混凝土搅拌机、电子磅秤、机械磅秤、坍落度筒、手推车、插入式振捣器、型材切割机、钢筋弯曲机、钢筋调直机、箍筋弯曲机、箍筋切断机等。

辅助工具：0.6m 刮杠、木抹子、尺子、灰桶、线绳、铁锹、钢筋扎钩、尖尾棘轮扳手、圆锤、卷尺、木锯、游标卡尺、混凝土拌和盘、墨斗、棒式温度计或酒精温度计等。

2. 材料准备

实训每一小组（每一实训工位）需用材料见表 3-18。

表 3-18　　　　　　　　　每实训小组需用材料一览表

材　料　名　称	规　格	用量/kg	备　注
砂	中砂	5	
碎石	5～40mm	10	
水泥	32.5MP	2	
水	自来水	5	

水泥、砂、石等各种材料符合以下要求：

1）水泥：水泥的品种、标号、厂别及牌号应符合混凝土配合比通知单的要求。水泥应有出厂合格证及进场试验报告。

2）砂：砂的粒径及产地应符合混凝土配合比通知单的要求。

3）石子（碎石或卵石）：石子的粒径、级配及产地应符合混凝土配合比通知单的要求。

4）水：宜采用饮用水。其他水，其水质必须符合 JGJ 63—89《混凝土拌和用水标准》的规定。

5）外加剂：所用混凝土外加剂的品种、生产厂家及牌号应符合配合比通知单的要求，外加剂应有出厂质量证明书及使用说明。国家规定要求认证的产品，还应有准用证件。

3．模板、架子、钢筋准备

1）模板可采用组合钢模板和竹胶板，数量应充足，并备有木方（50mm×40mm）若干。

2）架子采用钢管和扣件（直角扣件、对接扣件）。

3）钢筋应备齐案例中用到的所有规格的钢筋，并数量充足。

4．实训案例

某工程基础梁配筋图如图 3-31 所示，采用 C25 混凝土，保护层厚度 40mm。实训时

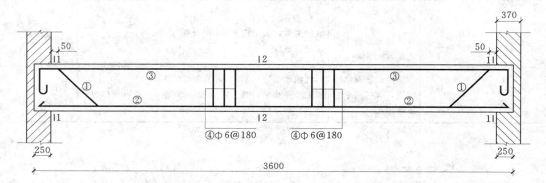

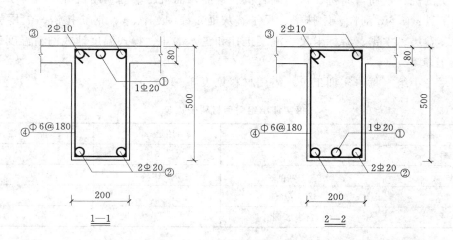

图 3-31　某工程梁配筋图（单位：mm）

钢筋按图中规格要求加工安装,可用实训室现有的钢筋进行调整。混凝土配合比采用项目二的计算成果。

5. 现场准备

1) 场地压实、平整,铺5~10mm细砂。

2) 电子计量器、机械台秤经检查衡量准确、灵活,振捣器(棒)经检验试运转正常。

3) 混凝土搅拌机经检验试运转正常。

4) 钢筋加工机械、型材切割机经检验试运转正常。

(三) 实训步骤

1. 施工工艺流程

混凝土梁施工工艺流程如图3-32所示。

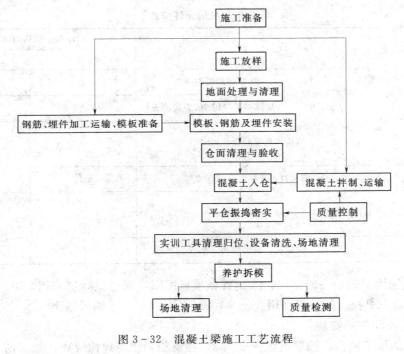

图3-32 混凝土梁施工工艺流程

2. 实训步骤

(1) 小组分工,明确自己的工作任务。每小组18~24人,分3个作业组,即钢筋作业组、模板作业组和混凝土作业组,负责不同的施工作业,每小组浇筑3个案例所示底板,作业组的施工任务要轮换,以达到实训效果。

(2) 施工准备,场地平整清理。各小组学习安全规程,领取施工工具,检查机械并试运转。场地杂物、土泥均应清除干净,地基压实处理,场地平整。

(3) 模板的制作,钢筋构件的下料计算、加工。根据案例计算模板的使用量。若用组合钢模板应画出安装草图,若用竹胶板,需画出加工草图与安装示意图。

根据案例完成钢筋下料表,并按下料表进行钢筋构件的制作。

(4) 按照施工配合比投料进行混凝土的搅拌,质量控制。用混凝土搅拌机拌制混凝土，应检查混凝土所用原材料的品种、规格、用量、坍落度及和易性，每一个工作班至少两次。混凝土的搅拌时间应随时检查。

（5）模板、钢筋及埋件的安装。

1）模板施工放样与安装。

a. 模板安装。模板安装前应首先检查面板的平整度，面板不平整、不光滑，达不到要求的不得使用。模板安装时板面应清理干净，并刷好脱模剂，脱模剂应涂刷均匀，不得漏刷。为防止漏浆出现挂帘现象，模板安装就位前，在模板底口粘贴双面胶。每一层模板安装时，进行测量放样，校正垂直度平整度及起层高程，确保印迹线、孔位整齐一致。混凝土浇筑过程中，设置木工专人值班，发现问题及时解决。模板安装的允许偏差：应遵守GB 50204—2002 中的有关规定，见表 3-19。

表 3-19　　　　　　　　　　　　模板安装的允许偏差　　　　　　　　　　　　单位：mm

项　　次	偏　差　项　目		混凝土结构的部位	
			外露表面	隐蔽内面
1	模板平整度	相邻两板面高差	1	3
		局部不平（用 2m 直尺检查）	3	5
2	结构物边线与设计边线		0 −5	10
3	结构物水平截面内部尺寸		±10	
4	承重模板标高		+5 0	
5	预留孔、洞尺寸及位置		5	

b. 模板加固。钢模一般使用Φ48 钢管做模板围图，视仓位高度采用Φ16、Φ12、Φ10 钢筋拉条，勾头螺栓。胶合板采用 5cm×10cm 木围图和Φ48 钢管围图。

2）钢筋及埋件的安装。

a. 钢筋的加工制作，按照流程图 3-33，在钢筋加工场地内完成。加工前，各小组认真阅读施工详图，以每仓位为单元，编制钢筋放样加工单，经复核后转入制作工序；以放样单的规格、型号选取原材料。依据有关规范的规定进行加工制作；成品、半成品经质检员及时检查验收；合格品转入成品区，分类堆放、标识。成品钢筋符合表 3-20、表 3-21 的规定。

图 3-33　钢筋制作流程图

表 3-20 **箍筋末端弯钩长度表** 单位：mm

箍筋直径	受力钢筋直径	
	≤25	28～40
5～10	75	90
12	90	105

表 3-21 **加工后钢筋的允许偏差**

序　号	偏 差 名 称	允许偏差
1	受力钢筋全长净尺寸的偏差	±10mm
2	箍筋各部分长度的偏差	±5mm
3	钢筋弯起点位置的偏差	±30mm
4	钢筋转角的偏差	±3°

　　b. 钢筋的安装。钢筋运输前，依据放样单，逐项清点，确认无误后，以施工仓位安排分批提取，用人工运抵现场，按要求现场安扎。钢筋焊接和绑扎符合施工规范的规定，以及施工图纸要求执行。绑扎时根据设计图纸，测放出中线、高程等控制点，根据控制点，对照图纸，利用预埋锚筋，布设好钢筋网骨架。钢筋网骨架设置核对无误后，铺设分布钢筋。钢筋采用人工绑扎，绑扎时使用扎丝梅花形间隔扎结，钢筋结构和保护层调整好后垫设预制混凝土块，并用电焊加固骨架确保牢固。钢筋的安装、绑扎、焊接，除满足设计要求外，还应符合表 3-22、表 3-23 中的规定。

表 3-22 **受拉钢筋的最小锚固长度**

项次	钢筋类型		混 凝 土 强 度 等 级				
			C15	C20	C25	C30、C35	≥C40
1	Ⅰ级钢筋		$50d$	$40d$	$30d$	$25d$	$25d$
2	月牙纹	Ⅱ级钢筋	$60d$	$50d$	$40d$	$40d$	$30d$
3		Ⅲ级钢筋	$55d$	$50d$	$40d$	$35d$	
4	冷轧带肋钢筋		—	$50d$	$40d$	$35d$	$30d$

注 1. 当月牙纹钢筋直径 d 大于 25mm 时，L_a 按表中数值增加 $5d$ 采用。
　　2. 构件顶层水平钢筋（其下浇筑的新混凝土厚度大于 1m），其 L_a 宜按表中数值乘以 1.2 采用。
　　3. 在任何情况下，纵向受拉的Ⅰ、Ⅱ、Ⅲ级钢筋的 L_a 不应小于 250mm 或 $20d$；纵向受拉的冷轧带肋钢筋的 L_a 不应小于 200mm。
　　4. 钢筋间距大于 180mm，保护层厚度大于 80mm 时，L_a 可按表中数值乘以 0.8。
　　5. 表中此项Ⅰ级钢筋的 L_a 值不包括端部弯钩长度。

表 3-23 **钢筋安装位置的允许偏差** 单位：mm

项 目		允 许 偏 差
绑扎箍筋、横向钢筋间距		±20
钢筋弯起点位置		20
绑扎钢筋骨架	长	±10
	宽、高	±5

项 目			允 许 偏 差
受力钢筋	间距		±10
	排距		±5
	保护层厚度	基础	±10
		柱、梁	±5
		板、墙	±3
绑扎钢筋网	度、宽		±10
	网眼尺寸		±20
预埋件	中心线位置		5
	水平高差		+3,0

（6）仓面清理与验收。

1）钢筋工程的验收。钢筋的验收实行"三检制"，检查后随仓位验收一道报指导教师终验签证。当墙体较薄，梁、柱结构较小时，应请监理先确认钢筋的施工质量合格后，方可转入模板工序。钢筋接头连接质量的检验，由监理工程师现场随机抽取试件，3 个同规格的试件为一组，进行强度试验，如有一个试件达不到要求，则双倍数量抽取试件，进行复验。若仍有一个试件不能达到要求，则该批制品即为不合格品。不合格品，采取加固处理后，提交二次验收。钢筋的绑扎应有足够的稳定性。在浇筑过程中，安排值班人员盯仓检查，发现问题及时处理。

2）模板验收。仓位验收前，对模板进行彻底吹扫，模板补充刷油，模板油一律使用色拉油或 45 号轻机油。刷油标准：油沫附着均匀，不得流淌或有污物，并不得污染仓面。模板架设正确，牢固，不走样。

3）仓面验收。仓内施工项目施工完成并自检合格后，小组自检并及时通知指导教师进行检查，只有在指导检查认可并在检查记录上签字后，方可进行混凝土浇筑。

（7）混凝土运输。混凝土原材料、配合比、试验成果均在得到指导教师批准、认可后，方可使用。混凝土拌和将按指导教师批准的、由项目二计算的混凝土配料单进行生产。

手推车运输混凝土过程中要平稳、不漏浆。

（8）混凝土平仓、振捣。混凝土平仓方式，将振捣棒插入料堆顶部，缓慢推或拉动振捣棒，逐渐借助振动作用铺平混凝土。平仓不能代替振捣，并防止骨料分离。

振捣器在仓面按一定的顺序和间距逐点振捣，间距为振捣作用半径的 1.5 倍，并插入下层混凝土面 5cm；每点上振捣时间控制在 15～25s，以混凝土表面停止明显下沉，周围无气泡冒出，混凝土面出现一层薄而均匀的水泥浆为准。混凝土振捣要防止漏振及过振，以免产生内部架空及离析。

混凝土浇筑应保持连续性，如因故中止且超过允许间歇时间（自出料至覆盖上坯混凝土为止），则应按工作缝处理。若能重塑者，则仍能继续浇筑混凝土。混凝土能否重塑的现场判别方法为：将振动棒插入混凝土内，振捣 30s，振捣棒周围 10cm 内仍能泛浆且不留孔洞则视为混凝土能够重塑；否则，停止浇筑，作为"冷缝"，按施工缝处理。

混凝土下料时，要距离模板、预埋件 1m 以上，且罐（或出料）口方向要背向仓内结构物方向，防止混凝土直接冲击构造物及堵塞管道。

混凝土入仓后要及时平仓振捣，要随浇随平，不得堆积，并配置足够的劳力将堆积的粗骨料均匀散铺至砂浆较多处，但不得用砂浆覆盖，以免造成内部架空。

雨季浇筑时，开仓前要准备充足的防雨设施。在混凝土浇筑过程中，如遇大雨、暴雨，立即暂停浇筑，并及时用防雨布将仓面覆盖。雨后排除仓内积水，处理好雨水冲刷部位，未超过允许间歇时间或仍能重塑时，仓面铺设砂浆继续浇筑，否则按施工缝面处理。

（9）场地清理，设备、工具清理归位，养护。混凝土浇筑完成后，要将实训场地清理干净，实训设备清理干净并归位，工具清理并归位，填写实训室实训记录单。

混凝土浇筑收仓后，及时对混凝土表面养护，高温和较高温季节表面进行流水养护，低温季节表面洒水养护。永久面用花管洒水养护，养护时间为混凝土的龄期或上一仓混凝土覆盖，不少于 28d。模板与混凝土表面在模板拆除之前及拆除期间均保持潮湿状态。

（10）拆模。

1）不承重的侧面模板在混凝土强度达到 2.5MPa 以上，并且能保证其表面及棱角不因拆模而损坏时开始拆除。

2）钢筋混凝土结构的承重模板在混凝土达到下列强度后开始拆除，见表 3-24。经计算复核，混凝土结构的实际强度已能承受自重和其他实际荷载时，报指导教师批准后方可提前拆模。

表 3-24   底 模 拆 模 标 准

结 构 类 型	结构跨度 /m	按设计的混凝土强度标准值的百分率计 /%
板	≤2	50
	>2，≤8	75
	>8	100
梁、拱、壳	≤8	75
	>8	100
悬臂构件	≤2	75
	>2	100

3）拆模时使用专门工具并且根据锚固情况分批拆除锚固连接件，以防止大片模板坠落或减少混凝土及模板的损伤。拆下的模板、支架及配件及时清理、维修，并分类堆存及妥善保管。

（11）质量检测。混凝土拆模养护达到 28d 后，用混凝土回弹仪和超声波检测仪对混凝土进行质量检查。

（四）质量要求

1）浇筑地基必须验收合格后，方可进行混凝土浇筑的准备工作。

2）浇筑混凝土前，应详细检查有关准备工作：地基处理情况，混凝土浇筑的准备工作，模板、钢筋、预埋件及止水设施等是否符合设计要求，并应做好记录。

3）浇筑混凝土前，必须先铺一层 1~2cm 的水泥砂浆。

4）不合格的混凝土严禁入仓；已入仓的不合格的混凝土必须清除。

5）混凝土浇筑期间，如表面泌水较多，应及时研究减少泌水的措施。仓内的泌水必须及时排除。严禁在模板上开孔赶水，带走灰浆。

6）浇筑混凝土时，合理布置振捣点。每一位置的振捣时间，以混凝土不再显著下沉、不出现气泡并开始泛浆时为准。

7）任务单填写完整、内容准确、书写规范。

8）各小组自评要有书面材料，小组互评要实事求是。

（五）学生实训任务单

实训任务单 1　　　　　　　　模　板　工　程

姓名：	班级：	指导教师：		总成绩：	
相关知识		评分权重10%		成绩：	
竹胶板模板架设的技术要求					
实训知识		评分权重15%		成绩：	
1.根据案例计算模板的工程量					
2.模板架设示意图					

考核验收					评分权重50%	成绩：	
序号	项目	要求及允许偏差	检验方法	验收记录		分值	得分
1	正确选择工具	全部正确	检查			10	
2	施工工艺正确	工序正确	检查			20	
3	模板安装正确	全部正确符合规范	检查			20	
4	模板间缝隙控制	全部正确	观察、检查			10	
5	模板的接缝不应漏浆	全部正确	观察、检查			10	
6	模板与混凝土的接触面应清理干净并涂刷隔离剂	全部正确	观察、检查			10	
7	模板的拆除	全部正确	观察、检查			20	

实训质量检验记录及原因分析		评分权重10%	成绩：
实训质量检验记录	质量问题分析	防治措施建议	
实训心得		评分权重15%	成绩：

实训任务单2　　　　　　　钢　筋　工　程

姓名：	班级：	指导教师：	总成绩：

相关知识	评分权重10%	成绩：
1. 钢筋工的技术要求		
2. 钢筋的施工工艺		

实训知识	评分权重20%	成绩：
1. 根据案例进行钢筋下料计算		
2. 钢筋配料单编制		
3. 加工产品是否合格		

考核验收					评分权重50%	成绩：
序号	项目	要求及允许偏差	检验方法	验收记录	分值	得分
1	正确选择工具	全部正确	检查		10	
2	施工工艺正确	全部正确	检查		20	
3	钢筋加工方法正确	全部正确	检查		10	
4	钢筋加工技术熟练	全部正确	观察		10	
5	钢筋绑扎的操作方式正确	全部正确	观察、检查		20	
6	操作安全、规范	全部正确	观察		10	
7	钢筋安装正确	全部正确	观察、检查		20	

实训质量检验记录及原因分析		评分权重10%	成绩：
实训质量检验记录	质量问题分析	防治措施建议	
实训心得		评分权重10%	成绩：

实训任务单 3　　　　　混凝土养护情况记录表

单位（子单位）工程名称				养护部位	
混凝土强度等级		抗渗等级		抗折强度/MPa	
水泥品种及等级		外加剂名称		掺合料名称	
混凝土浇筑开始时间	年 月 日时 分	混凝土浇筑完毕时间	年 月 日时 分	第一次养护时间	年 月 日时 分
养护方式	自然加热	养护天数		第一次荷载时间	年 月 日时 分

日常养护记录

工作日	日期	日平均气温	养护方法	养护人签名	见证人签名
1					
2					
3					
4					
5					
6					
7					
8					
9					
10					
11					
12					
13					
14					

混凝土养护情况检查结论	
（学生）养护人	（指导教师）见证人

年 月 日

混凝土养护测温记录

工程名称														
部位					养护方法						测温方式			
测温时间			大气温度 /℃		各测孔温度/℃								平均温度 /℃	间隔时间 /h
月	日	时												
项目专业 技术负责人				专业质检员（学生）							记录人（学生）			

注 绘制测温孔布置图及测温孔剖面图。

实训任务单 5　　　　混凝土梁浇筑综合评价表

姓名：	班级：	指导教师：	总成绩：

相关知识		评分权重10%	成绩：
1. 混凝土梁的浇筑方法与技术要求			
2. 混凝土梁浇筑质量的检测			

实训知识		评分权重15%	成绩：
1. 混凝土施工配合比			
2. 案例中混凝土底板的浇筑准备工作有哪些			
3. 画出实训浇筑的混凝土梁的立体图			

考核验收				评分权重60%		成绩：	
序号	项目	要求及允许偏差	检验方法	验收记录		分值	得分
1	正确选择实训设备和仪器	全部正确	检查			5	
2	混凝土配料	称量精确（水泥、水 ± 0.3%，骨料 ±0.5%）	检查			5	
3	混凝土拌制	按照石子、水泥、砂子、水一次加料，拌和3遍	观察、检查			5	
4	混凝土拌和物和易性检验（坍落度试验）	除了坍落度外，还需要目测：棍度、黏聚性、含砂情况、析水情况	观察、检查			5	
5	混凝土入仓浇筑	方法正确	观察、检查			5	
6	混凝土振捣	振捣器使用正确，并符合安全规程	观察、检查			5	
7	混凝土块抹面	抹面规范，表面平整	观察、检查			5	
8	选择养护方法	正确	检查			5	
9	钢筋工程	实训任务单2填写完整，内容准确	检查			25	

序号	项目	要求及允许偏差	检验方法	验收记录	分值	得分
10	模板工程	实训任务单 1 填写完整，内容准确	检查		25	
11	填写养护记录表	实训任务单 3 填写完整，内容准确	检查		3	
12	填写养护测温记录表	实训任务单 4 填写完整，内容准确	检查		2	
13	混凝土抗压强度试验	试验方法正确，记录计算准确	观察、检查		3	
14	测量现场骨料含水率	检测方法得当，结果准确	观察、检查		2	

实训质量检验记录及原因分析		评分权重 5%	成绩：
实训质量检验记录	质量问题分析	防治措施建议	
实训心得		评分权重 10%	成绩：

项目十二：混凝土柱浇筑实训

（一）教师教学指导参考（教学进程表）

混凝土柱浇筑教学进程表

学习任务		混凝土柱浇筑实训			
教学时间/学时		8	适用年级		综合实训
教学目标	知识目标	掌握混凝土柱的浇筑方法及其质量检查方法			
	技能目标	（1）根据设计图纸，完成混凝土柱的浇筑； （2）混凝土柱浇筑的质量检查			
	情感目标	具有安全、文明施工、劳动保护意识			

教学过程设计

时间/min	教学流程	教学法视角	教学活动	教学方法	媒介	重点
20	安全，防护教育	引起学生的重视	师生互动，检查	讲解	图片	使用设施安全性
25	课程导入	激发学生的学习兴趣	布置任务，下发任务单，提出问题	项目教学引导文	图片，工具设备，材料	分组应合理，任务恰当，问题难易适当

171

时间/min	教学流程	教学法视角	教学活动	教学方法	媒介	重点
20	学生自主学习	学生主动积极参与讨论及团队合作精神培养	根据提出的任务单及问题进行讨论，确定方案	项目教学，小组讨论	教材，材料	理论知识准备
25	演示	教师提问，学生回答	工具、设备的使用，规范的应用	课堂对话	设备，工具，施工规范	注重引导学生，激发学生的积极性
45	模仿（教师指导）	组织项目实施，加强学生动手能力	学生在实训基地完成混凝土柱的浇筑	小组合作	设备，工具，施工规范	注意规范的使用
180	自己做	加强学生动手能力	学生分组完成任务	小组合作	设备，工具，施工规范	注意规范的使用，设备的正确操作
20	学生自评	自我意识的觉醒，有自己的见解，培养沟通、交流能力	检查操作过程，数据书写，表格填写的正确性	小组合作	施工规范，学生工作记录	学生检查操作步骤
25	学生汇报，教师评价，总结	学生汇报总结性报告，教师给予肯定或指正	每组代表展示实操成果并小结，教师点评与总结	项目教学，学生汇报，小组合作	投影，白板	注意对学生的表扬与鼓励

（二）实训准备

1. 工具、设备准备

施工机具：混凝土搅拌机、电子磅秤、机械磅秤、坍落度筒、手推车、插入式振捣器、型材切割机、钢筋弯曲机、钢筋调直机、箍筋弯曲机、箍筋切断机等。

辅助工具：0.6m刮杠、木抹子、尺子、灰桶、线绳、铁锹、钢筋扎钩、尖尾棘轮扳手、圆锤、卷尺、木锯、游标卡尺、混凝土拌和盘、墨斗、棒式温度计或酒精温度计等。

2. 材料准备

实训每一小组（每一实训工位）需用材料如表3-25。

表3-25　　　　　　　　　每实训小组需用材料一览表

材 料 名 称	规 格	用量/kg	备 注
砂	中砂	5	
碎石	5～40mm	10	
水泥	32.5MP	2	
水	自来水	5	

水泥、砂、石等各种材料符合以下要求：

1）水泥：水泥的品种、标号、厂别及牌号应符合混凝土配合比通知单的要求。水泥应有出厂合格证及进场试验报告。

2）砂：砂的粒径及产地应符合混凝土配合比通知单的要求。

3）石子（碎石或卵石）：石子的粒径、级配及产地应符合混凝土配合比通知单的要求。

4）水：宜采用饮用水。其他水，其水质必须符合 JGJ 63—89《混凝土拌和用水标准》的规定。

5）外加剂：所用混凝土外加剂的品种、生产厂家及牌号应符合配合比通知单的要求，外加剂应有出厂质量证明书及使用说明。国家规定要求认证的产品，还应有准用证件。

3．模板、架子、钢筋准备

1）模板可采用组合钢模板和竹胶板，数量应充足，并备有木方（50mm×40mm）若干。

2）架子采用钢管和扣件（直角扣件、对接扣件）。

3）钢筋应备齐案例中用到的所有规格的钢筋，并数量充足。

4．实训案例

某工程基础底面施工图中，框架柱配筋如图 3-34 所示，采用 C25 混凝土，保护层厚度 40mm。实训时钢筋按图中规格要求加工安装，可用实训室现有的钢筋进行调整，混凝土配合比采用项目二的计算成果。

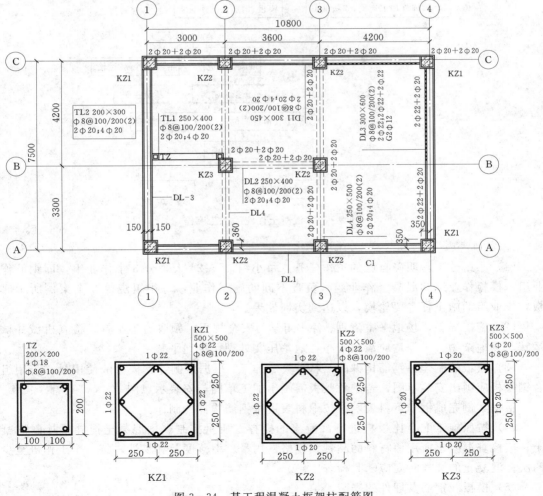

图 3-34　某工程混凝土框架柱配筋图

5. 现场准备

1) 场地压实、平整，铺 5～10mm 细砂。

2) 电子计量器、机械台秤经检查衡量准确、灵活，振捣器（棒）经检验试运转正常。

3) 混凝土搅拌机经检验试运转正常。

4) 钢筋加工机械、型材切割机经检验试运转正常。

（三）实训步骤

1. 施工工艺流程

混凝土柱施工工艺流程如图 3-35 所示。

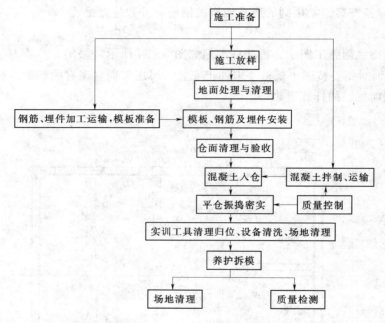

图 3-35　混凝土柱施工工艺流程

2. 实训步骤

（1）小组分工，明确自己的工作任务。每小组 18～24 人，分 3 个作业组，即钢筋作业组、模板作业组和混凝土作业组，负责不同的施工作业，每小组浇筑 3 个案例所示底板，作业组的施工任务要轮换，以达到实训效果。

（2）施工准备，场地平整清理。各小组学习安全规程，领取施工工具，检查机械并试运转。场地杂物、土泥均应清除干净，地基压实处理，场地平整。

（3）模板的制作，钢筋构件的下料计算、加工。根据案例计算模板的使用量。若用组合钢模板应画出安装草图，若用竹胶板需画出加工草图与安装示意图。

根据案例完成钢筋下料表，并按下料表进行钢筋构件的制作。

（4）按照施工配合比投料进行混凝土的搅拌，质量控制。用混凝土搅拌机拌制混凝土，应检查混凝土所用原材料的品种、规格、用量、坍落度及和易性，每一个工作班至少两次。混凝土的搅拌时间应随时检查。

（5）模板、钢筋及埋件的安装。

1) 模板施工放样与安装。

a. 模板安装。模板安装前应首先检查面板的平整度，面板不平整、不光滑，达不到要求的不得使用。模板安装时板面应清理干净，并刷好脱模剂，脱模剂应涂刷均匀，不得漏刷。为防止漏浆出现挂帘现象，模板安装就位前，在模板底口粘贴双面胶。每一层模板安装时，进行测量放样，校正垂直度平整度及起层高程，确保印迹线、孔位整齐一致。混凝土浇筑过程中，设置木工专人值班，发现问题及时解决。模板安装的允许偏差：应遵守GB 50204—2002 中的有关规定，见表 3－26。

表 3－26　　　　　　　　　　　　模板安装的允许偏差　　　　　　　　　　　单位：mm

项　次	偏　差　项　目		混凝土结构的部位	
			外露表面	隐蔽内面
1	模板平整度	相邻两板面高差	1	3
		局部不平（用 2m 直尺检查）	3	5
2	结构物边线与设计边线		0 －5	10
3	结构物水平截面内部尺寸		±10	
4	承重模板标高		＋5 0	
5	预留孔、洞尺寸及位置		5	

b. 模板加固。钢模一般使用Φ48 钢管做模板围图，视仓位高度采用Φ16、Φ12、Φ10 钢筋拉条，勾头螺栓。胶合板采用 5cm×10cm 木围图和Φ48 钢管围图。

2) 钢筋及埋件的安装。

a. 钢筋的加工制作，按照流程图 3－36，在钢筋加工场地内完成。加工前，各小组认真阅读施工详图，以每仓位为单元，编制钢筋放样加工单，经复核后转入制作工序；以放样单的规格、型号选取原材料。依据有关规范的规定进行加工制作；成品、半成品经质检员及时检查验收；合格品转入成品区，分类堆放、标识。成品钢筋符合表 3－27、表 3－28 的规定。

图 3－36　钢筋制作流程图

表 3－27　　　　　　　　　　　　箍筋末端弯钩长度表　　　　　　　　　　　单位：mm

箍筋直径	受力钢筋直径	
	≤25	28～40
5～10	75	90
12	90	105

表 3 - 28   加工后钢筋的允许偏差

序　号	偏差名称	允许偏差
1	受力钢筋全长净尺寸的偏差	±10mm
2	箍筋各部分长度的偏差	±5mm
3	钢筋弯起点位置的偏差	±30mm
4	钢筋转角的偏差	±3°

b. 钢筋的安装。钢筋运输前，依据放样单，逐项清点，确认无误后，以施工仓位安排分批提取，用人工运抵现场，按要求现场安扎。钢筋焊接和绑扎符合施工规范的规定，以及施工图纸要求执行。绑扎时根据设计图纸，测放出中线、高程等控制点，根据控制点，对照图纸，利用预埋锚筋，布设好钢筋网骨架。钢筋网骨架设置核对无误后，铺设分布钢筋。钢筋采用人工绑扎，绑扎时使用扎丝梅花形间隔扎结，钢筋结构和保护层调整好后垫设预制混凝土块，并用电焊加固骨架确保牢固。钢筋的安装、绑扎、焊接，除满足设计要求外，还应符合表 3 - 29、表 3 - 30 中的规定。

表 3 - 29   受拉钢筋的最小锚固长度

项次	钢　筋　类　型		混凝土强度等级				
			C15	C20	C25	C30、C35	≥C40
1		Ⅰ级钢筋	50d	40d	30d	25d	25d
2	月牙纹	Ⅱ级钢筋	60d	50d	40d	40d	30d
3		Ⅲ级钢筋	—	55d	50d	40d	35d
4	冷轧带肋钢筋		—	50d	40d	35d	30d

注　1. 当月牙纹钢筋直径 d 大于 25mm 时，L_a 按表中数值增加 5d 采用。
　　2. 构件顶层水平钢筋（其下浇筑的新混凝土厚度大于 1m）,其 L_a 宜按表中数值乘以 1.2 采用。
　　3. 在任何情况下，纵向受拉的Ⅰ、Ⅱ、Ⅲ级钢筋的 L_a 不应小于 250mm 或 20d；纵向受拉的冷轧带肋钢筋的 L_a 不应小于 200mm。
　　4. 钢筋间距大于 180mm，保护层厚度大于 80mm 时，L_a 可按表中数值乘以 0.8。
　　5. 表中此项Ⅰ级钢筋的 L_a 值不包括端部弯钩长度。

表 3 - 30   钢筋安装位置的允许偏差   单位：mm

项　　目			允　许　偏　差
绑扎箍筋、横向钢筋间距			±20
钢筋弯起点位置			20
绑扎钢筋骨架	长		±10
	宽、高		±5
受力钢筋	间距		±10
	排距		±5
	保护层厚度	基础	±10
		柱、梁	±5
		板、墙	±3

项　目		允　许　偏　差
绑扎钢筋网	度、宽	±10
	网眼尺寸	±20
预埋件	中心线位置	5
	水平高差	+3，0

（6）仓面清理与验收。

1）钢筋工程的验收。钢筋的验收实行"三检制"，检查后随仓位验收一道报指导教师终验签证。当墙体较薄，梁、柱结构较小时，应请监理先确认钢筋的施工质量合格后，方可转入模板工序。钢筋接头连接质量的检验，由监理工程师现场随机抽取试件，3个同规格的试件为一组，进行强度试验，如有一个试件达不到要求，则双倍数量抽取试件，进行复验。若仍有一个试件不能达到要求，则该批制品即为不合格品。不合格品，采取加固处理后，提交二次验收。钢筋的绑扎应有足够的稳定性。在浇筑过程中，安排值班人员盯仓检查，发现问题及时处理。

2）模板验收。仓位验收前，对模板进行彻底吹扫，模板补充刷油，模板油一律使用色拉油或45号轻机油。刷油标准：油沫附着均匀，不得流淌或有污物，并不得污染仓面。模板架设正确，牢固，不走样。

3）仓面验收。仓内施工项目施工完成并自检合格后，小组自检并及时通知指导教师进行检查，只有在指导检查认可并在检查记录上签字后，方可进行混凝土浇筑。

（7）混凝土柱浇筑。

1）柱混凝土灌注前，柱底表面应先填5～10cm厚与混凝土内砂浆成分相同的水泥砂浆，然后分段分层灌注混凝土。柱混凝土应分层振捣，使用插入式振捣器时每层厚度大于50cm，振捣棒不得搅动钢筋和预埋件。

2）当柱高不超过3m，柱的断面大于40cm×40cm且无交叉钢筋时，混凝土可由柱顶直接倒入。柱高在3m之内，可在柱顶直接向下浇筑，超过3m时，必须分段灌注混凝土，每段高度不得超过2m，应采取措施（用串桶）或在模板侧面开洞安装斜溜槽分段浇筑。每段混凝土浇筑后将洞模板封闭严密，并用箍箍牢。

3）凡柱断面在40cm×40cm以内或有交叉箍筋的任何断面的混凝土柱，均应在柱模侧面开设的门子洞上装斜溜槽分段灌注，每段高度不得大于2m。

4）灌注断面尺寸狭小且高度较大的柱子时，当浇筑至一定高度后，应适量减少混凝土配合比的用水量。

5）柱子分段灌注时必须按规定灌注混凝土。因此，下料时不可一次堆积过高，影响混凝土的浇筑质量。

6）梁柱节点处不同标号（强度等级相差10MPa）的混凝土进行混浇时，先浇筑高等级混凝土，再浇筑低等级混凝土，且始终保持高等级混凝土浇筑高度高于周边低等级混凝土浇筑高度。

（8）混凝土运输。混凝土原材料、配合比、试验成果均在得到指导教师批准、认可后，方可使用。混凝土拌和将按指导教师批准的、由项目二计算的混凝土配料单进行生产。

手推车运输混凝土过程中要平稳、不漏浆。

（9）混凝土平仓、振捣。

1）柱混凝土的浇捣一般需 3~4 人协同操作，其中两人负责下料，一人负责振捣，另一人负责开关振捣器。

2）柱混凝土应使用插入式振捣器。振捣时应注意插入深度，掌握好振捣时间和"快插慢拔"的振捣方法。并且要上下微微抽动，以使上下振捣均匀。在振捣时，使混凝土表面呈水平，不再显著下沉、不再出现气泡表面泛出灰浆为止。振捣中，避免碰撞钢筋、模板、预埋件等，发现有位移、变形情况时，应与各工种配合及时处理。振捣器插点呈梅花形均匀排列，采用行列式的次序移动，移动位置的距离应不大于 40cm。保证不漏振，不过振。分层浇筑时，振捣器的棒头须深入下层混凝土内 5~10cm，使上下层混凝土结合处振捣密实且振捣棒不得搅动钢筋和预埋件。

3）振捣时以混凝土不再塌陷，从柱顶往下看时，混凝土表面泛浆，有亮光和观察柱模外侧模板拼缝均匀微露浆水为好。

4）柱子混凝土应一次浇筑完毕，如需留施工缝应留在主梁下面。无梁楼盖应留在柱帽下面。在与梁板整体浇筑时，应在柱浇筑完毕后停歇 1~1.5h，使其获得初步沉实，再继续浇筑。

（10）场地清理，设备、工具清理归位，养护。混凝土浇筑完成后，要将实训场地清理干净，实训设备清理干净并归位，工具清理并归位，填写实训室实训记录单。

混凝土浇筑收仓后，及时对混凝土表面养护，高温和较高温季节表面进行流水养护，低温季节表面洒水养护。永久面用花管洒水养护，养护时间为混凝土的龄期或上一仓混凝土覆盖，不少于 28d。模板与混凝土表面在模板拆除之前及拆除期间均保持潮湿状态。

（11）拆模。

1）不承重的侧面模板在混凝土强度达到 2.5MPa 以上，并且能保证其表面及棱角不因拆模而损坏时开始拆除。

2）钢筋混凝土结构的承重模板在混凝土达到下列强度后开始拆除，见表 3-31。经计算复核，混凝土结构的实际强度已能承受自重和其他实际荷载时，报指导教师批准后方可提前拆模。

表 3-31　　　　　　　　　　底模拆模标准

结构类型	结构跨度 /m	按设计的混凝土强度标准值的百分率计 /%
板	≤2	50
	>2，≤8	75
	>8	100
梁、拱、壳	≤8	75
	>8	100
悬臂构件	≤2	75
	>2	100

3）拆模时使用专门工具并且根据锚固情况分批拆除锚固连接件，以防止大片模板坠落或减少混凝土及模板的损伤。柱模的拆除时间，应以混凝土的强度能保证其表面及棱角不因拆模而受损坏时，方可拆除。拆下的模板、支架及配件及时清理、维修，并分类堆存及妥善保管。

4）由于柱为垂直构件，断面小而刚度大，表面覆盖草帘较困难，故宜采用浇水养护的办法。

（12）质量检测。混凝土拆模养护达到 28d 后，用混凝土回弹仪和超声波检测仪对混凝土进行质量检查。

（四）质量要求

1）浇筑地基必须验收合格后，方可进行混凝土浇筑的准备工作。

2）浇筑混凝土前，应详细检查有关准备工作：地基处理情况，混凝土浇筑的准备工作，模板、钢筋、预埋件及止水设施等是否符合设计要求，并应做好记录。

3）浇筑混凝土前，必须先铺一层 1~2cm 的水泥砂浆。

4）不合格的混凝土严禁入仓；已入仓的不合格的混凝土必须清除。

5）混凝土浇筑期间，如表面泌水较多，应及时研究减少泌水的措施。仓内的泌水必须及时排除。严禁在模板上开孔赶水，带走灰浆。

6）浇筑混凝土时，合理布置振捣点。每一位置的振捣时间，以混凝土不再显著下沉、不出现气泡并开始泛浆时为准。

7）任务单填写完整、内容准确、书写规范。

8）各小组自评要有书面材料，小组互评要实事求是。

（五）学生实训任务单

实训任务单 1　　　　　　　　模 板 工 程

姓名：	班级：	指导教师：	总成绩：
相关知识		评分权重 10%	成绩：
竹胶板模板架设的技术要求			
实训知识		评分权重 15%	成绩：
1. 根据案例计算模板的工程量			
2. 模板架设示意图			

				评分权重 50%	成绩：	
	考核验收			评分权重 50%	成绩：	
序号	项目	要求及允许偏差	检验方法	验收记录	分值	得分
1	正确选择工具	全部正确	检查		10	
2	施工工艺正确	工序正确	检查		20	
3	模板安装正确	全部正确，符合规范	检查		20	
4	模板间缝隙控制	全部正确	观察、检查		10	
5	模板的接缝不应漏浆	全部正确	观察、检查		10	
6	模板与混凝土的接触面应清理干净并涂刷隔离剂	全部正确	观察、检查		10	
7	模板的拆除	全部正确	观察、检查		20	

实训质量检验记录及原因分析		评分权重 10%	成绩：
实训质量检验记录	质量问题分析	防治措施建议	

实训心得	评分权重 15%	成绩：

实训任务单 2	钢 筋 工 程					

姓名：	班级：	指导教师：		总成绩：		
相关知识			评分权重 10%	成绩：		
1. 钢筋工的技术要求						
2. 钢筋的施工工艺						
实训知识			评分权重 20%	成绩：		
1. 根据案例进行钢筋下料计算						
2. 钢筋配料单编制						
3. 加工产品是否合格						

考核验收				评分权重 50%	成绩：	
序号	项目	要求及允许偏差	检验方法	验收记录	分值	得分
1	正确选择工具	全部正确	检查		10	
2	施工工艺正确	全部正确	检查		20	
3	钢筋加工方法正确	全部正确	检查		10	
4	钢筋加工技术熟练	全部正确	观察		10	
5	钢筋绑扎的操作方式正确	全部正确	观察、检查		20	
6	操作安全、规范	全部正确	观察		10	
7	钢筋安装正确	全部正确	观察、检查		20	

实训质量检验记录及原因分析			评分权重 10%	成绩：
实训质量检验记录		质量问题分析	防治措施建议	
实训心得			评分权重 10%	成绩：

实训任务单 3　　　　　　　　**混凝土养护情况记录表**

单位（子单位）工程名称				养护部位	
混凝土强度等级		抗渗等级		抗折强度/MPa	
水泥品种及等级		外加剂名称		掺合料名称	
混凝土浇筑开始时间	年　月　日时　分	混凝土浇筑完毕时间	年　月　日时　分	第一次养护时间	年　月　日时　分
养护方式	自然加热	养护天数		第一次荷载时间	年　月　日时　分

日常养护记录

工作日	日期	日平均气温	养护方法	养护人签名	见证人签名
1					
2					
3					
4					
5					
6					
7					
8					
9					
10					
11					
12					
13					
14					
混凝土养护情况检查结论					

（学生）养护人：　　　　　　　　（指导教师）见证人：
　　　　　年　月　日　　　　　　　　　　　　年　月　日

182

混凝土养护测温记录

工程名称													
部位				养护方法					测温方式				
测温时间			大气温度 /℃	各测孔温度/℃								平均温度 /℃	间隔时间 /h
月	日	时											
项目专业 技术负责人				专业质检员（学生）						记录人（学生）				

注 绘制测温孔布置图及测温孔剖面图。

实训任务单 5　　混凝土框架柱浇筑综合评价表

姓名：	班级：	指导教师：	总成绩：

相关知识		评分权重10％	成绩：
1. 混凝土柱的浇筑方法与技术要求			
2. 混凝土柱浇筑质量的检测			

实训知识		评分权重15％	成绩：
1. 混凝土施工配合比			
2. 案例中混凝土柱的浇筑准备工作有哪些			
3. 画出实训浇筑的混凝土框架柱的立体图			

考核验收				评分权重60％		成绩：
序号	项目	要求及允许偏差	检验方法	验收记录	分值	得分
1	正确选择实训设备和仪器	全部正确	检查		5	
2	混凝土配料	称量精确（水泥、水±0.3％，骨料±0.5％）	检查		5	
3	混凝土拌制	按照石子、水泥、砂子、水一次加料，拌和3遍	观察、检查		5	
4	混凝土拌和物和易性检验（坍落度试验）	除了坍落度外，还需要目测：棍度、黏聚性、含砂情况、析水情况	观察、检查		5	
5	混凝土入仓浇筑	方法正确	观察、检查		5	
6	混凝土振捣	振捣器使用正确，并符合安全规程	观察、检查		5	
7	混凝土块抹面	抹面规范，表面平整	观察、检查		5	
8	选择养护方法	正确	检查		5	
9	钢筋工程	实训任务单2填写完整，内容准确	检查		25	
10	模板工程	实训任务单1填写完整，内容准确	检查		25	
11	填写养护记录表	实训任务单3填写完整，内容准确	检查		3	
12	填写养护测温记录表	实训任务单4填写完整，内容准确	检查		2	
13	混凝土抗压强度试验	试验方法正确，记录计算准确	观察、检查		3	

序号	项目	要求及允许偏差	检验方法	验收记录	分值	得分
14	测量现场骨料含水率	检测方法得当，结果准确	观察、检查		2	

实训质量检验记录及原因分析			评分权重 5%	成绩：
实训质量检验记录	质量问题分析		防治措施建议	

实训心得	评分权重 10%	成绩：

项目十三：混凝土施工现场管理

（一）教师教学指导参考（教学进程表）

混凝土施工现场管理教学进程表

学习任务	混凝土施工现场管理		
教学时间/学时	4	适用年级	综合实训

教学目标	知识目标	掌握混凝土施工现场管理的基本内容
	技能目标	按照施工技术要求进行混凝土施工现场管理
	情感目标	学习实训课程的目的是使学生掌握混凝土施工现场管理的基本知识和基本技能，培养学生严肃认真、一丝不苟、理论联系实际、实事求是的工作作风，提高学生用辩证唯物主义观点认识问题、分析问题、解决问题的综合能力

教学过程设计

时间/min	教学流程	教学法视角	教学活动	教学方法	媒介	重点
10	安全，防护教育	引起学生的重视	师生互动，检查	讲解	图片	使用设备安全性
20	课程导入	激发学生的学习兴趣	布置任务，下发任务单，提出问题	项目教学引导文	图片，工具，材料	分组应合理，任务恰当，问题难易适当
30	学生自主学习	学生主动积极参与讨论及团队合作精神培养	根据提出的任务单及问题进行讨论，确定方案	项目教学，小组讨论	教材，材料，卡片	理论知识准备

时间/min	教学流程	教学法视角	教学活动	教学方法	媒介	重点
25	演示	教师提问，学生回答	工具、设备的使用，规范的应用	课堂对话	设备，工具，施工规范	注重引导学生，激发学生的积极性
45	模仿（教师指导）	组织项目实施，加强学生动手能力	学生在实训基地完成设备的实际操作	个人完成，小组合作	设备，工具施工规范	注意规范的使用
90	自己做	加强学生动手能力	学生分组完成施工机械的布置任务	小组合作	设备、工具施工规范	注意规范的使用、设备的正确操作
20	学生自评	自我意识的觉醒，有自己的见解，培养沟通、交流能力	检查操作过程，数据书写，规范的应用的正确性	小组合作	施工规范，学生工作记录	学生检查时应操作步骤
(20)	学生汇报，教师评价，总结	学生汇报总结性报告，教师给予肯定或指正	每组代表展示实操成果并小结，教师点评与总结	项目教学，学生汇报，小组合作	投影，白板	注意对学生的表扬与鼓励

（二）实训准备

1. 工具、设备准备

施工机具：混凝土拌和机、磅秤、坍落度筒、手推车、插入式振捣器、砂浆称量器等。

辅助机具：2m刮杠、木抹子、尺子、灰桶、线绳、铁锹、铁耙、棒式温度计或酒精温度计等。

2. 材料准备

水泥、砂、石等各种材料数量均准备充分，并符合以下要求：

1）水泥：水泥的品种、标号、厂别及牌号应符合混凝土配合比通知单的要求。水泥应有出厂合格证及进场试验报告。

2）砂：砂的粒径及产地应符合混凝土配合比通知单的要求。

3）石子（碎石或卵石）：石子的粒径、级配及产地应符合混凝土配合比通知单的要求。

4）水：宜采用饮用水。其他水，其水质必须符合 JGJ 63—89《混凝土拌和用水标准》的规定。

5）外加剂：所用混凝土外加剂的品种、生产厂家及牌号应符合配合比通知单的要求，外加剂应有出厂质量证明书及使用说明。国家规定要求认证的产品，还应有准用证件。

3. 人员准备

实训按每组 6～8 人进行，由组长分工，实行组长负责制。

4. 现场准备

1）浇筑混凝土层段的模板、钢筋、预埋铁件及管线等全部安装完毕并验收合格。

2）浇筑混凝土用架子及走道已支搭完毕，运输道路及车辆准备完成，经检查合格。

3）与浇筑面积匹配的混凝土工及振捣棒数量。

4）电子计量器经检查衡量准确、灵活，振捣器（棒）经检验试运转正常。

5）混凝土浇筑令已签发。

6）做好防雨措施。

7）按施工配合比进行混凝土的拌制，以便进行混凝土的后续浇筑工作。

5. 实训案例

某综合大楼的混凝土浇筑量达 1.5 万 m³，全部采用泵送商品混凝土，泵送商品混凝土比常规作业混凝土出现的裂缝多，量值也比较大，需在施工中查原因，定措施，力争取得较好的质量效益。

（1）原因分析。泵送商品混凝土由于浇筑速度快、一次入模量大而受到好评，但由于泵送工艺的不利因素，如混凝土坍落度大、水泥用量多、加水量大等，使混凝土产生各种裂缝的机会大大增加。一种是温差裂缝：浇筑大体积混凝土时，由于水泥用量的增加，水泥水化热引起的温升很高，当混凝土表面与内部、混凝土与外界温差过大时，会因混凝土表面急剧冷却收缩、变形受到约束而产生拉应力，当拉应力大于混凝土的极限抗拉强度时就会产生裂缝。另一种是收缩裂缝，它产生于混凝土凝结的初期及凝结硬化过程中，水分的急剧蒸发和胶凝体失水后紧缩，使混凝土的体积变小，当受到约束时也会产生裂缝，虽然常规作业混凝土也会出现这种情况，但泵送商品混凝土出现的量值比较大，产生的机会也比较多。

（2）防治措施。

1）防止和消除混凝土的收缩裂缝。防止和消除混凝土的收缩裂缝，首先要设法控制夏季施工混凝土的入模温度，常用的措施有：① 运输过程中对混凝土罐车保温，淋水；② 砂、石场地用彩条布遮盖，石子场地在浇筑前 3d 浇水降温，设法降低混凝土搅拌用水的水温；③ 喷水淋湿钢筋、模板及泵送管用喷水淋湿的麻袋片包住降温；④ 混凝土浇筑后应及时覆盖草袋等；⑤ 防止混凝土的表面裂缝一般采用二次抹压工艺，"多遍抹压，分遍成活"可获得较好的效果。

2）防止出现大体积混凝土温差裂缝。为防止出现大体积混凝土温差裂缝，施工前应按二维温度应力公式进行计算，按一维温度应力公式进行验算，计算时应考虑外加剂的影响及混凝土保温情况下的降温系数等，验算后并拟定预防措施，如：① 采用中、低热水泥，降低混凝土中水泥和水的用量；② 采用合理的砂、石级配，严格控制含泥量，在混凝土中加入减水剂、微膨胀剂或粉煤灰等；③ 在施工中应做好保温养护，做好结构内外温差控制，用科学数据指导施工，当内外温差小于 25℃（规范规定为温差小于 30℃）时表面保温层可撤除。由于做好充分的准备，施工中降温速率及内外温差控制均在规范允许范围内，经过细致观察，混凝土表面未发现裂缝，取得较好的效果。

离散性是表示混凝土强度的分散情况，它通常用两种指标表示：一种是绝对指标（标准差），另一种是变异系数。标准差越大，混凝土强度分布越分散，则说明管理水平和技术水平越低。混凝土强度离散性的波动大小反映在混凝土强度的波动上，所以控制离散性须从影响混凝土强度波动的原因下手。具体措施如下。

（1）控制材料质量。对混凝土组成材料质量的控制特别要注意水泥品种和标号的选择、水泥强度的波动和施工前强度的复试、骨料品种的选择，颗粒级配、含水量和含泥量的波动、外加剂品种的选择及性能的变化。

（2）控制试验误差。试验误差是在试验过程中产生的强度波动。例如试模尺寸偏差、成型操作不规范、振捣不实、拆模碰破边角及养护不标准等，都可能引起试验误差，由于试验数据是检验和控制混凝土质量的依据，因此，也控制试验误差。

（3）提高管理水平、控制施工质量。严格控制混凝土的配合比，下料要准确，计量要准确，一定要控制配合比计量的精度，特别是用水量的控制，不可随意增加或减少，搅拌要均匀，运输中防止离析，必要时要进行二次搅拌，振捣要密实，洒水养护要及时充分，注意拆模的时间，防止结构变形和产生裂缝。

施工是造成混凝土强度波动的最主要因素，它包括了施工的全过程，即从开始至施工完毕，由于施工情况变动复杂，情况各异。因此，这种施工情况变化大而又不固定的影响因素，是造成混凝土强度离散性大的主要原因，是以控制施工情况变化来控制混凝土离散性的关键，施工中的质量控制应坚持在施工的全过程之中，可通过相应的管理制度和技术措施来解决，是属于施工条件的差异而造成混凝土强度波动的主要因素，也是体现施工管理水平高低的主要方面。

（三）实训步骤

1. 施工工艺流程

混凝土施工现场管理分工→作业准备→材料计量→搅拌→运输→混凝土浇筑、振捣→拆模及养护。

2. 实训步骤

（1）小组现场管理分工，明确自己的工作任务。

（2）按照施工配合比投料进行混凝土的搅拌。

（3）混凝土拌制的质量检查。

1）检查拌制混凝土所用原材料的品种、规格和用量，每一个工作班至少两次。

2）检查混凝土的坍落度及和易性，每一工作班至少两次。混凝土拌和物应搅拌均匀、颜色一致，具有良好的流动性、黏聚性和保水性，不泌水、不离析。不符合要求时，应查找原因，及时调整。

3）在每一工作班内，当混凝土配合比由于外界影响有变动时（如下雨或原材料有变化），应及时检查。

4）混凝土的搅拌时间应随时检查。

5）根据 GB 50204—2002《混凝土结构工程施工质量验收规范》的规定，混凝土结构工程施工应按规定留置标准养护混凝土强度试块。混凝土强度试件应在混凝土的浇筑地点随机抽取。取样与试件留置应符合下列规定：① 每拌制 100 盘且不超过 100m³ 的同配合比的混凝土，取样不得少于一次；② 每工作班拌制的同一配合比的混凝土不足 100 盘时，取样不得少于一次；③ 当一次连续浇筑超过 1000m³ 时，同一配合比的混凝土每 200m³ 取样不得少于一次；④ 每一楼层、同一配合比的混凝土，取样不得少于一次；⑤ 每次取样应至少留置一组标准养护试件，同条件养护试件的留置组数应根据实际需要确定。

（4）混凝土运输。由于混凝土料拌和后不能久存，而且在运输过程中对外界的影响敏感，因此运输方法不当或疏忽大意，都会降低混凝土质量，甚至造成废品。如供料不及时或混凝土品种错误，正在浇筑的施工部位将不能顺利进行。因此实训室采用手推车等运输机械进行混凝土的运输。

（5）混凝土浇筑。用铁锹进行混凝土的入仓，用插入式振捣器振捣。使用插入式振捣器应做到"快插慢拔"，在振捣过程中宜让振捣棒上下略微抽动，使上下振动均匀，插点要均匀排列，逐点移动，顺序进行，不得遗漏，做到均匀振实。

（6）混凝土进场及浇筑过程的现场管理。

1）混凝土运到工地后要对其进行全面地、仔细地检查，若混凝土拌和物出现离析、分层等现象，则应对混凝土拌和物进行二次搅拌。

2）对到场的混凝土实行每车必测坍落度，由现场工程师组织实验员对坍落度进行测试，并做好测试记录。若不符要求时应退回搅拌站，严禁使用。

3）现场工程师应详细记录每车混凝土进场时间、开卸时间、浇筑完成时间，以便准确了解供应及浇筑过程中混凝土质量能否得到有效保障。

（7）搅拌站的选定。

1）对厂家资质的要求。为确保商品混凝土的质量，本工程将选用具有一级资质且具有相应生产规模、技术实力和具有可靠质量保证能力且能提供良好服务的混凝土供应商两家（一家备用），以保证混凝土的质量稳定，供料及时，满足现场混凝土均匀连续浇筑的要求。

2）对所供混凝土材料的要求。①所供混凝土必须提前按设计要求作试配，择优提交监理批准；②在签订商品混凝土供货合同时要附上特殊技术要求，如防水要求、强度等级、坍落度、初凝时间等以保证商品混凝土的质量符合泵送要求；③应保证混凝土的运输、浇筑及间歇的全部时间不应超过混凝土的初凝时间；④混凝土搅拌站在设计、配置混凝土时，要有预防碱集料反应的具体措施，混凝土出厂前应向用户送出正式的检验报告，包括所用砂石产地及碱活性等级和混凝土碱含量的评估结果，以保证混凝土在规定年限内不发生碱集料反应损害。

（四）质量要求

1）凡进入实训现场的施工人员必须服从施工管理人员的管理。组长必须值守施工现场，全面负责施工现场质量、安全、进度、文明施工管理。

2）组长每天必须对工人进行质量、安全、文明施工交底等方面的教育。

3）做好现场施工组织管理，每天及时清理现场，工完料尽场地清，负责场内材料、成品、半成品的二次转运，保持现场的清洁、道路畅通，各种材料、成品、半成品等器材成堆、成垛、成方、成圆堆放整齐，做到文明施工。

4）凡借用实训室的工具、用具必须由指导老师到实训室材料保管员处领取，用完后清理干净，交回仓库。易耗材料以旧换新，学生必须对使用的设备、工具、用具进行维修、保护，严格按操作规程正确使用，对使用不当造成损坏、丢失的，应按原价赔偿；对故意损坏的，按原价赔偿，并作相应处罚。

5）在实训期间组长必须保证到岗，若有急事，必须当面向指导老师请假，批准后方能离开，离开前应当面委托副组长全面负责，当面移交有关质量安全要求，且副组长的行为由组长负责。

6）如混凝土浇筑拆模后存在大的质量缺陷，应立即通知施工员，不得擅自处理。在施工过程中，各种预埋件、预留钢筋、预留孔洞槽等应及时预留，若哪一班组未预留，工料损失就由班组承担。

7）次日工作任务，在当日下班前班组长主动与施工员协商，便于次日工作安排和材料组织，若次日工作量有困难，班组长应立即提出，项目部重新协调，确保工作任务的顺利完成。

8）实训人员安全帽、安全带由班组配发全新的，施工人员每日必须戴安全帽并佩挂上岗证进场作业。

9）严禁打赤脚，穿拖鞋、高跟鞋、硬底鞋进入实训室。

10）严禁酒后上班作业；严禁非操作人员操作施工机械。

11）实训现场严禁烟火，若必须动火，则必须经管理人员同意，采取防范措施，确保安全用火。

12）每组人员必须保护好现场的立网、平网、栏杆、标牌、井盖等安全设施。安全网内的建筑垃圾，各班组每日及时清理。在外架上严禁堆放任何材料和物品。

13）严禁在实训室内嬉戏玩耍、打架斗殴。用语文明，不得大声喧哗，做到文明施工，施工不扰民。

14）对实训室的材料要有主人翁的责任感，珍惜并爱护实训室内的任何材料及工具。

15）混凝土、砂浆应严格按配合比，采用计量制，由指导老师指定专人管配合比，不得随意改变配料比例。混凝土拌和后 2h 内必须用完，砌筑砂浆和抹灰砂浆拌和后 4h 内必须用完。

16）浇混凝土、砌砖、抹灰等应杜绝材料浪费，掉下来的混凝土、砂浆等应处理后重新利用。每道工序完后应检查一次，不允许浪费。

17）搅拌机、灰盆、料斗、上料平台每天应冲洗干净。

18）浇筑混凝土时必须先浇水湿润模板，未经管理人员同意不允许私自加生水，必须进行板面清洁并拉线。

19）拆模后不能有大的质量缺陷，比如狗洞、蜂窝、麻面、漏振等面积不允许超过规定的面积。

20）脚手架、板拆除，清理浇筑垃圾时，严禁采用"高处坠落法"。

21）每组的所有材料、设备等自行照看，丢失班组自负。

22）任务单填写完整、内容准确、书写规范。

23）各小组自评要有书面材料，小组互评要实事求是。

实训任务单 1

姓名：	班级：	指导教师：	总成绩：

相关知识	评分权重 10%	成绩：
1. 混凝土施工现场管理的基本内容		
2. 混凝土施工现场管理的注意事项		

实训知识	评分权重 15%	成绩：
1. 按施工要求进行混凝土施工现场分工		
2. 混凝土施工现场管理的技术要求		
3. 根据混凝土施工质量要求进行混凝土质量检测		

考核验收				评分权重 50%		成绩：
序号	项目	要求及允许偏差	检验方法	验收记录	分值	得分
1	正确选择工具	全部正确	检查		10	
2	施工工艺正确	工序正确	检查		20	
3	施工次序合理、正确	全部正确符合规范	检查		20	
4	材料选择正确	全部正确	观察、检查		10	
5	混凝土配制合理	全部正确	观察、检查		10	
6	混凝土各施工项目正确	全部正确	观察、检查		10	
7	质量检验符合	全部正确	观察、检查		20	

实训质量检验记录及原因分析		评分权重 10%	成绩：
实训质量检验记录	质量问题分析	防治措施建议	

实训心得	评分权重 15%	成绩：

实训任务单 2

姓名：		班级：		指导教师：		总成绩：	
相关知识				评分权重15%		成绩：	
1. 普通混凝土的配制要求							
2. 混凝土的拌制要求							
3. 混凝土浇筑注意事项							
实训知识				评分权重30%		成绩：	
1. 普通混凝土的施工管理次序							
2. 混凝土施工现场管理的注意事项							
3. 混凝土施工质量检测的内容							

考核验收			评分权重50%		成绩：

序号	项目	要求及允许偏差	检验方法	验收记录	分值	得分
1	正确选择实训工具	全部正确	检查		5	
2	混凝土配料	称量精确（水泥、水 $\pm0.3\%$，骨料 $\pm0.5\%$）	检查		5	
3	混凝土拌制	按照石子、水泥、砂子、水一次加料，拌和3遍	观察、检查		20	
4	混凝土拌和物和易性检验（坍落度试验）	除了坍落度外，还需要目测：棍度、黏聚性、含砂情况、析水情况	观察、检查		10	
5	混凝土入仓浇筑	方法正确	观察、检查		20	
6	混凝土振捣	振捣器使用正确，并符合安全规程	观察、检查		20	
7	混凝土块抹面	抹面规范，表面平整	观察、检查		10	
8	混凝土养护	养护符合要求	观察、检查		10	

实训质量检验记录及原因分析			评分权重10%	成绩：
实训质量检验记录	质量问题分析		防治措施建议	

实训心得	评分权重10%	成绩：

项目十四：混凝土质量检测

（一）教师教学指导参考（教学进程表）

混凝土质量检测教学进程表

学习任务		混凝土质量检测			
教学时间/学时		4		适用年级	综合实训
教学目标	知识目标	掌握混凝土质量检测的基本内容			
	技能目标	按照施工技术要求进行混凝土的质量检测			
	情感目标	学习实训课程的目的是使学生掌握混凝土质量检测的实际操作和基本技能，培养学生严肃认真、一丝不苟、理论联系实际、实事求是的工作作风，提高学生用辩证唯物主义观点认识问题、分析问题、解决问题的综合能力			

教学过程设计

时间/min	教学流程	教学法视角	教学活动	教学方法	媒介	重点
10	安全，防护教育	引起学生的重视	师生互动，检查	讲解	图片	使用设备安全性
20	课程导入	激发学生的学习兴趣	布置任务，下发任务单，提出问题	项目教学引导文	图片，工具，材料	分组应合理，任务恰当，问题难易适当
30	学生自主学习	学生主动积极参与讨论及团队合作精神培养	根据提出的任务单及问题进行讨论，确定方案	项目教学，小组讨论	教材，材料，卡片	理论知识准备
25	演示	教师提问，学生回答	工具、设备的使用，规范的应用	课堂对话	设备，工具，施工规范	注重引导学生，激发学生的积极性
45	模仿（教师指导）	组织项目实施，加强学生动手能力	学生在实训基地完成设备的实际操作	个人完成，小组合作	设备，工具，施工规范	注意规范的使用
90	自己做	加强学生动手能力	学生分组完成施工机械的布置任务	小组合作	设备，工具，施工规范	注意规范的使用，设备的正确操作
20	学生自评	自我意识的觉醒，有自己的见解，培养沟通、交流能力	检查操作过程，数据书写，规范应用的正确性	小组合作	施工规范，学生工作记录	学生检查时应操作步骤
(20)	学生汇报，教师评价，总结	学生汇报总结性报告，教师给予肯定或指正	每组代表展示实操成果并小结，教师点评与总结	项目教学，学生汇报，小组合作	投影，白板	注意对学生的表扬与鼓励

（二）实训准备

1. 工具、设备准备

实训设备有：①混凝土保护层测定仪（见图 3－37）；②含气量测定仪（见图 3－38）；

③数显语音回弹仪（见图3-39）；④楼板厚度检测仪（见图3-40）；⑤裂缝宽度观测仪（见图3-41）。

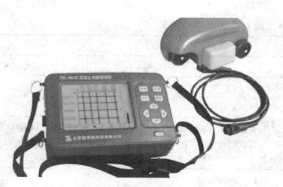

图3-37 混凝土保护层测定仪

图3-38 含气量测定仪

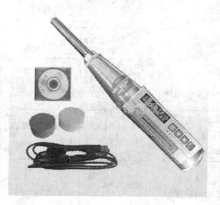

图3-39 数显语音回弹仪

图3-40 楼板厚度检测仪

2. 人员准备

实训按每组6～8人进行，由组长分工，实行组长负责制。

3. 现场准备

1）浇筑混凝土层段的模板、钢筋、预埋铁件及管线等全部安装完毕并验收合格。

2）浇筑混凝土用架子及走道已支搭完毕，运输道路及车辆准备完成，经检查合格。

3）混凝土浇筑已完毕并验收合格。

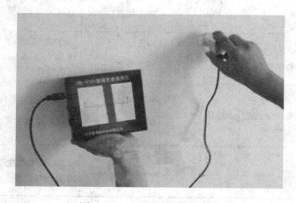

图3-41 裂缝宽度观测仪

4. 实训案例

某建筑工程为三层楼高，楼层板厚200mm，混凝土保护层厚度20mm，试用混凝土保护层测定仪、数显语音回弹仪及楼板厚度检测仪等测定该楼板的质量是否符合要求。

（三）操作步骤

1. 施工工艺流程

作业准备→材料计量及原材料检测→搅拌及质量检测→混凝土运输→混凝土浇筑、振捣及质量检测→拆模及养护→混凝土质量检测。

2. 实训步骤

（1）小组分工，明确自己的工作任务。

（2）选取配制混凝土所需原材料。水泥混凝土以水泥为胶结材料，以砂、石为骨料加水拌和而成。因此，混凝土的组成材料有：水泥、骨料（包括粗骨料和细骨料）、混凝土用水、化学外加剂、掺合料。

（3）混凝土原材料的检测。通过 GB/T 17671—1999《水泥胶砂强度检验方法》、GB/T 1346—2001《水泥标准稠度用水量》、JGJ 53—92《凝结时间、安定性检验方法、普通混凝土用碎石或卵石质量标准及检验方法》、JGJ 52—92《普通混凝土用砂质量标准及检验方法》等对所选用的原材料进行检测。

（4）混凝土配合比计算。

1）计算配制强度 $f_{cu,0}$ 并求相应的水灰比（W/C）。

2）选取每立方米混凝土用水量，并计算出每立方米混凝土的水泥用量。

3）选取砂率（β_s），计算粗集料和细集料的用量，并提出供试配用的计算配合比。

4）配合比的试配、调整与确定混凝土浇筑。

（5）混凝土拌制的质量检查。对实验室混凝土材料及工程现场混凝土的和易性、力学性能等进行检测。

1）检查拌制混凝土所用原材料的品种、规格和用量，每一个工作班至少两次。

2）检查混凝土的坍落度及和易性，每一工作班至少两次。混凝土拌和物应搅拌均匀、颜色一致，具有良好的流动性、黏聚性和保水性，不泌水、不离析。不符合要求时，应查找原因，及时调整。

3）在每一工作班内，当混凝土配合比由于外界影响有变动时（如下雨或原材料有变化），应及时检查。

4）混凝土的搅拌时间应随时检查。

5）混凝土试块的留置。根据 GB 50204—2002《混凝土结构工程施工质量验收规范》的规定，混凝土结构工程施工应按规定留置标准养护混凝土强度试块。混凝土强度试件应在混凝土的浇筑地点随机抽取。取样与试件留置应符合下列规定：① 每拌制 100 盘且不超过 $100m^3$ 的同配合比的混凝土，取样不得少于一次；② 每工作班拌制的同一配合比的混凝土不足 100 盘时，取样不得少于一次；③ 当一次连续浇筑超过 $1000m^3$ 时，同一配合比的混凝土每 $200m^3$ 取样不得少于一次；④ 每一楼层、同一配合比的混凝土，取样不得少于一次；⑤ 每次取样应至少留置一组标准养护试件，同条件养护试件的留置组数应根据实际需要确定。

（6）混凝土浇筑与振捣的质量检测。

1）混凝土浇筑与振捣。

a. 混凝土自料口下落的自由倾落高度不得超过 2m，如超过 2m 时必须采取措施。

b. 浇筑混凝土时应分段分层连续进行，每层浇筑高度应根据结构特点、钢筋疏密程度决定，一般分层高度为振捣器作用部分长度的 1.25 倍，最大不超过 50cm。

c. 使用插入式振捣器应做到"快插慢拔"，在振捣过程中宜让振捣棒上下略微抽动，使上下振动均匀，插点要均匀排列，逐点移动，顺序进行，不得遗漏，做到均匀振实。移动间距不大于振捣棒作用半径的 1.5 倍（一般为 30～40cm），每点振捣时间以 20～30s 为准，确保混凝土表面不再明显下沉，不再出现气泡，表面泛出灰浆为准。对于分层部位，振捣棒应插入下层 5cm 左右以消除上下层混凝土之间的缝隙。振捣棒不得漏振，振捣时不得用振动棒赶浆，不得振动钢筋。

d. 浇筑混凝土应连续进行。如必须间歇，其间歇时间应尽量缩短，并应在前层混凝土初凝之前，将次层混凝土浇筑完毕。

e. 浇筑混凝土时应经常观察模板、钢筋、预留孔洞、预埋件和插筋等有无移动、变形或堵塞情况，发现问题应立即停止浇筑，并应在已浇筑的混凝土凝结前修正完好。

2）混凝土的抹面。浇筑完成设计标高后的混凝土，应由专门的抹面人员收面找平。用 2m 刮杠找平，并用木抹子收平混凝土面。

（7）工程现场混凝土质量调查与分析。通过工程现场混凝土外观质量及混凝土性能的调查研究，分析原材料、配合比及施工因素对混凝土质量的影响规律。

（8）混凝土的养护及测温。混凝土养护在混凝土浇筑中起着重要的作用。在混凝土浇筑后及时对混凝土塑料薄膜覆盖，覆膜的作用主要是降低水化热的释放速度。混凝土宜采用自然养护，但应根据气候条件采取温度控制措施，对混凝土内外进行测温，使混凝土浇筑后内外温差 $\Delta t \leqslant 25℃$。

混凝土养护注意事项：

1）混凝土应连续养护，养护期内始终使混凝土表面保持湿润。

2）混凝土养护时间，不宜少于 28d，有特殊要求的部位宜适当延长养护时间。

3）混凝土养护应有专人负责，并应做好养护记录。

4）混凝土的养护用水应与拌制用水相同。注意：①当日平均气温低于 5℃时，不得浇水；②当采用其他品种水泥时，混凝土的养护应根据所采用水泥的技术性能确定。

5）养护人员高空作业要系安全带，穿防滑鞋。

6）养护用的支架要有足够的强度和刚度、篷帐搭设要规范合理。

7）人员上下支架或平台作业要谨慎小心，在保护好混凝土成品、保证养护措施实施的同时，加强个人安全防护工作。

（四）质量要求

1. 混凝土质量检测方法

1）通过 GB/T 17671—1999《水泥胶砂强度检验方法》、GB/T 1346—2001《水泥标准稠度用水量、凝结时间、安定性检验方法》测定水泥技术性能。

2）依据国家标准 GB/T 14684—2001《建筑用砂》、GB/T 14685—2001《建筑用卵石、碎石》对建筑用砂石进行试验，测得颗粒级配、表观密度、堆积密度和含泥量等。

3）进行新拌混凝土和易性试验，测量混凝土的坍落度及黏聚性。具体的方法是：将拌好的混凝土拌和物按一定方法装入圆锥形筒内（坍落筒），并按一定的方式插捣，待装满刮平后，垂直平稳地向上提起坍落度筒，量测筒高与坍落后混凝土试体最高点之间的高度差（mm），即为该混凝土的坍落度值。黏聚性的检查方法是将捣棒在已坍落的混凝土锥体侧面轻轻敲打，若锥体逐渐下沉，则表示黏聚性良好，若锥体倒塌或部分崩裂，则表示黏聚性不好。

4）制备混凝土试块。

5）依据国家标准 GB/T 50081—2002《普通混凝土力学性能试验方法》使用万能压力机测量混凝土试块的力学性能。

6）硬化后混凝土的耐久性测试，包括抗渗性、抗冻性和抗侵蚀性。

a. 混凝土的抗渗性。混凝土的抗渗性是指其抵抗水、油等压力液体渗透作用的能力。因为环境中的各种侵蚀介质只有通过渗透才能进入混凝土内部产生破坏作用。混凝土的抗渗性以抗渗等级表示。采用标准养护 28d 的标准试样，按规定方法进行试验，以其所能承受最大水压力（MPa）来计算其抗渗等级。

b. 混凝土的抗冻性。混凝土的抗冻性是指混凝土含水时抵抗冻融循环作用而不破坏的能力。混凝土的冻融循环破坏原因是混凝土中水结冰后发生体积膨胀，当膨胀力超过其抗拉强度时，便使混凝土产生微细裂纹，反复冻融使裂缝不断扩展，导致混凝土强度降低直至破坏。混凝土的抗冻融性以抗冻等级表示。抗冻等级是以龄期 28d 的试块在吸水饱和后于 $-15\sim20℃$ 反复冻融循环，用抗压强度下降不超过 25％、且质量损失不超过 5％ 时，所能承受的最大冻融循环次数来表示。此法为慢冻法，对于抗冻要求高的，可用快冻法，即用同时满足相对弹性模量值不小于 60％、质量损失率不超过 5％ 时的最大循环次数来表示其抗冻性指标。

c. 混凝土的抗侵蚀性。环境介质对混凝土的化学侵蚀主要是对水泥石的侵蚀，如咸水、硫酸盐、酸、碱等对水泥石的侵蚀作用。这里研究的主要是海水的侵蚀。

2. 混凝土质量要求

大体积混凝土施工遇炎热、冬期、大风或者雨雪天气等特殊气候条件下时，必须采用有效的技术措施，保证混凝土浇筑和养护质量，并应符合下列规定：

1）在炎热季节浇筑大体积混凝土时，宜将混凝土原材料进行遮盖，避免日光曝晒，并用冷却水搅拌混凝土，或采用冷却骨料、搅拌时加冰屑等方法降低入仓温度，必要时也可在混凝土内埋设冷却管通水冷却。混凝土浇筑后应及时保湿保温养护，避免模板和混凝土受阳光直射。条件许可时应避开高温时段浇筑混凝土。

2）冬期浇筑混凝土，宜采用热水拌和、加热骨料等措施提高混凝土原材料温度，混凝土入模温度不宜低于 5℃。混凝土浇筑后应及时进行保温保湿养护。

3）大风天气浇筑混凝土，在作业面应采取挡风措施，降低混凝土表面风速，并增加混凝土表面的抹压次数，及时覆盖塑料薄膜和保温材料，保持混凝土表面湿润，防止风干。

4）雨雪天不宜露天浇筑混凝土，当需施工时，应采取有效措施，确保混凝土质量。浇筑过程中突遇大雨或大雪天气时，应及时在结构合理部位留置施工缝，尽快中止混凝土浇筑；对已浇筑还未硬化的混凝土立即进行覆盖，严禁雨水直接冲刷新浇筑的混凝土。

5）混凝土强度达到 1.2N/mm² 前，不得在其上踩踏或安装模板及支架。

6）混凝土表面不得上人过早，不能集中堆放物件。

3.任务单填写完整、内容准确、书写规范

略。

4.各小组自评要有书面材料，小组互评要实事求是

略。

（五）学生实训任务单

实训任务单 1

姓名：		班级：		指导教师：			总成绩：	
相关知识				评分权重 30%			成绩：	
1.常用的混凝土质量检测设备有哪些								
2.选 3～5 个常用的混凝土质量检测仪器并描述其性能								
实训知识				评分权重 20%			成绩：	
1.普通混凝土原材料的质量检测要求								
2.普通混凝土质量的检测内容								
3.普通混凝土质量的检测操作步骤								
4.水利工程施工中如何选择混凝土质量检测仪器								
考核验收				评分权重 30%			成绩：	
序号	项目		考核要求	检验方法		验收记录	分值	得分
1	学习态度		积极参与、细心	观察			50	
2	判定案例中混凝土质量检测仪器选择是否合理		正确，书面材料	检查			50	
实训质量检验记录及原因分析				评分权重 10%			成绩：	
实训质量检验记录			质量问题分析			防治措施建议		
实训心得				评分权重 10%			成绩：	

实训任务单 2

姓名：	班级：		指导教师：		总成绩：

相关知识	评分权重20%	成绩：
1. 混凝土保护层测定仪的安全操作规程		
2. 含气量测定仪的安全操作规程		
3. 数显语音回弹仪的安全操作规程		
4. 楼板厚度检测仪的安全操作规程		
5. 裂缝宽度观测仪的安全操作规程		

实训知识	评分权重35%	成绩：
1. 混凝土保护层测定仪如何操作		
2. 含气量测定仪如何使用		
3. 数显语音回弹仪使用注意事项		
4. 楼板厚度检测仪的使用		
5. 裂缝宽度观测仪的使用		

考核验收				评分权重35%		成绩：	
序号	项目	考核要求	检验方法	验收记录		分值	得分
1	准确认识检测设备	准确	观察			10	
2	混凝土保护层测定仪操作	操作步骤正确，符合安全规程	观察			15	
3	含气量测定仪操作	操作步骤正确，符合安全规程	观察			15	
4	数显语音回弹仪操作	操作步骤正确，符合安全规程	观察			15	
5	楼板厚度检测仪操作	操作步骤正确，符合安全规程	观察			15	
6	裂缝宽度观测仪操作	操作步骤正确，符合安全规程	观察			10	
7	按照施工要求进行混凝土质量检测	工艺流程正确	观察、检查			20	

实训质量检验记录及原因分析		评分权重 10%	成绩:
实训质量检验记录	质量问题分析	防治措施建议	
实训心得		评分权重 10%	成绩:

参 考 文 献

［1］ 房树田 . 建筑工程施工 ［M］. 北京：机械工业出版社，2010.
［2］ 刘祥柱 . 水利水电工程施工 ［M］. 郑州：黄河水利出版社，2009.
［3］ 钟振宇 . 建筑工种实训指导 ［M］. 北京：机械工业出版社，2008
［4］ 张建荣，董静 . 建筑施工操作工种实训 ［M］. 上海：同济大学出版社，2011.
［5］ 黄功学 . 水利水电工程基础 ［M］. 北京：中国水利水电出版社，2010.
［6］ 刘道南 . 水工混凝土施工 ［M］. 4 版 . 北京：中国水利水电出版社，2010.
［7］ 长江水利委员会长江勘测规划设计研究院 . 水工混凝土施工规范 ［S］. 北京：中国水利水电出版
社，2012.
［8］ 毕万利 . 建筑材料 ［M］. 2 版 . 北京：高等教育出版社，2011.